高职高专"十三五"规划教材

湿法冶金设备

主　编　黄　卉　张凤霞
副主编　杨志鸿　张金梁　姚春玲

U0313806

北　京

冶金工业出版社

2024

内 容 提 要

本书按教育部关于高等职业技术教育的要求,根据湿法冶金生产单元的过程特点,对过程中常用的设备进行了分析,突出介绍了湿法冶金设备应用的基础理论、分类和特点,兼顾专业性与实用性。全书共分7章,内容包括湿法冶炼设备防腐,流体输送设备,湿法混合反应器,湿法冶金换热设备,湿法冶金固-液分离设备,液-液萃取和离子交换设备,水溶液电解设备等。

本书为高职高专冶金技术类专业教材,也可供相关企业技术人员和管理人员参考。

图书在版编目(CIP)数据

湿法冶金设备/黄卉,张凤霞主编 . —北京:冶金工业出版社,2018.1
(2024.7重印)

高职高专"十三五"规划教材

ISBN 978-7-5024-7656-4

Ⅰ.①湿… Ⅱ.①黄… ②张… Ⅲ.①湿法冶金—冶金设备—高等职业教育—教材 Ⅳ.①TF3

中国版本图书馆 CIP 数据核字(2017)第 306799 号

湿法冶金设备

出版发行 冶金工业出版社		**电 话** (010)64027926	
地 址 北京市东城区嵩祝院北巷 39 号		**邮 编** 100009	
网 址 www.mip1953.com		**电子信箱** service@ mip1953.com	

责任编辑 杨盈园 美术编辑 彭子赫 版式设计 孙跃红 禹 蕊
责任校对 卿文春 责任印制 禹 蕊
北京印刷集团有限责任公司印刷
2018 年 1 月第 1 版,2024 年 7 月第 3 次印刷
787mm×1092mm 1/16;9.75 印张;233 千字;147 页
定价 31.00 元

投稿电话 (010)64027932 投稿信箱 tougao@cnmip.com.cn
营销中心电话 (010)64044283
冶金工业出版社天猫旗舰店 yjgycbs.tmall.com
(本书如有印装质量问题,本社营销中心负责退换)

前　言

随着我国冶金工业的不断发展，使用的设备也在不断更新，编者在教学过程中发现，目前冶金行业设备类教材以本科、研究生层次用书为主，较难适用于高等职业院校冶金技术专业学生的学习。在云南省高水平职业院校建设工作的推动下，昆明冶金高等专科学校按照教育部高等职业技术教育高技能人才的培养目标以及高技能人才应具有的知识结构、职业能力和素质要求，组织编写了本书。

本书根据湿法冶金生产单元的过程特点，对过程中常用的设备进行了梳理，力求突出介绍湿法冶金设备应用的基础理论、分类、特点，兼顾专业性与实用性。书中内容分为湿法冶炼设备防腐、流体输送设备、湿法混合反应器、湿法冶金换热设备、湿法冶金固-液分离设备、液-液萃取和离子交换设备、水溶液电解设备等。

本书由昆明冶金高等专科学校黄卉、张凤霞担任主编，杨志鸿、张金梁、姚春玲担任副主编。张金梁、李亚东编写第1章；张凤霞编写第2、3章；张帆、张淞源编写第4章；黄卉编写第5、7章；杨志鸿、姚春玲编写第6章。

由于编者水平所限，书中不妥之处，敬请读者批评指正。

编者

2017 年 8 月

目　录

1 湿法冶炼设备防腐

1.1 材料的腐蚀

腐蚀现象几乎涉及国民经济的一切领域。例如，各种机器、设备、桥梁在大气中因腐蚀而生锈；舰船、沿海的港口设施遭受海水和海洋微生物的腐蚀；埋在地下的输油、输气管线和地下电缆因土壤和细菌的腐蚀而发生穿孔；钢材在轧制过程因高温下与空气中的氧作用而产生大量的氧化皮；人工器官材料在血液、体液中的腐蚀；与各种酸、碱、盐等强腐蚀性介质接触的化工机器与设备，腐蚀问题尤为突出，特别是处于高温、高压、高流速工况下的机械设备，往往会引起材料迅速地腐蚀损坏。

目前工业用的材料，无论是金属材料或非金属材料，几乎没有一种材料是绝对不腐蚀的。对于金属而言，在自然界大多数是以金属化合物的形态存在，如 Fe_2O_3、FeS、Al_2O_3、ZnS 等。冶炼的过程就是外加能量将它们还原成金属元素的过程，因此金属元素比它们的化合物具有更高的自由能，必须有自发地转回到热力学上更稳定的自然形态——氧化物、硫化物、碳酸盐及其他化合物的倾向。这种自发转变的过程就是腐蚀过程，显然冶金是腐蚀的逆过程。非金属的腐蚀一般是介质与材料发生化学或物理作用，使材料的原子或分子之间的结合键断裂而破坏。

腐蚀造成的危害是十分惊人的。据英国 1970 年统计，每年由于腐蚀所带来的损失高达国民生产总值的 3.5%左右，而其中约三分之一（当时价值约为 13.5 亿英镑）可以通过运用现代先进的防腐蚀科技手段加以克服。美国 1975 年因腐蚀而造成损失为 700 亿美元，占当年国民生产总值的 4.2%。在我国，每年由于腐蚀造成的损失也很大，高达数百亿元。随着工业的发展，如不采取必要的措施，腐蚀所带来的损失将越来越严重。据统计，工业发达国家每年由于金属的腐蚀所造成的直接损失就占其全年国民生产总值的 4%左右，间接损失（如停工减产或对环境的污染等）则更大。所以，减轻腐蚀所带来的危害是国民经济各部门和工矿企业所共同关心的问题。

1.1.1 腐蚀的定义

各种材料、设备和构筑物在外界的大气、水分、阳光、高温和应力作用下，在酸、碱、盐和有机溶剂的物理、化学和电化学因素作用下，以及在生物化学因素作用下引起的变质和破坏现象统称为腐蚀。简言之，物质在环境介质的作用下引起的变质或破坏称为腐蚀。

金属材料的腐蚀主要是由于环境因素的化学和电化学作用引起的损耗或破坏。金属材料在化学、电化学和机械的诸因素同时作用下产生的损耗一般称为腐蚀性磨蚀、磨损腐蚀或摩擦腐蚀。非金属材料在环境的化学、机械和物理因素作用下，出现的龟裂、氧化、溶胀、强度下降或丧失强度以及质量的增减变化等称为非金属材料的腐蚀。

各种材料的耐腐蚀性是相对的，绝对耐腐蚀的材料是不存在的，所以一定的材料只能适用于一定的环境条件，例如，材料所接触的介质种类、浓度、温度、作用时间、压力和材料在该介质条件下的受力状态等。

1.1.2　腐蚀的分类

根据被腐蚀材料的差别，通常将腐蚀分为金属腐蚀与非金属腐蚀两大类。

1.1.2.1　金属材料的腐蚀

根据金属腐蚀的起因和过程，它是在金属材料和环境介质的相界面上反应作用的结果，因而金属腐蚀可以定义为"金属与其周围介质发生化学或电化学作用而产生的破坏"。按照腐蚀机理可以将金属腐蚀分为化学腐蚀与电化学腐蚀两大类。

化学腐蚀是指金属与非电解质直接发生化学作用而引起的破坏。腐蚀过程是一种纯氧化和还原的化学反应，即腐蚀介质直接同金属表面的原子相互作用而形成腐蚀产物。反应进行过程中没有电流产生。例如，铅在四氯化碳、三氯甲烷或乙醇中的腐蚀，镁或钛在甲醇中的腐蚀，以及金属在高温气体中刚形成膜的阶段都属于化学腐蚀。

电化学腐蚀是金属与电解质溶液发生电化学作用而引起的破坏。反应过程同时有阳极失去电子、阴极获得电子以及电子的流动。金属在大气、海水、工业用水、各种酸、碱、盐溶液中发生的腐蚀都属于电化学腐蚀。

按照金属破坏的特征，则可分为全面腐蚀和局部腐蚀两类。

全面腐蚀是指腐蚀作用发生在整个金属表面上，它可能是均匀的，也可能是不均匀的。碳钢在强酸、强碱中的腐蚀属于均匀腐蚀，这种腐蚀是在整个金属表面以同一腐蚀速率向金属内部蔓延，相对来说危险较小，因为事先可以预测，设计时可根据机器、设备要求的使用寿命估算腐蚀裕度。

局部腐蚀是指腐蚀集中在金属的局部地区，而其他部分几乎没有腐蚀或腐蚀很轻微。腐蚀主要集中在金属表面某些极其小的区域，由于这种腐蚀的分布、深度很不均匀，常在整个设备较好的情况下，发生局部穿孔或破裂而引起严重事故，所以危险性很大。常见的局部腐蚀有以下一些形式，如图1-1所示。

金属的腐蚀是相互联系、相互影响的，实际的腐蚀可能是多种形态的综合作用。根据对腐蚀破坏事例的统计表明，局部腐蚀的发生率要比全面腐蚀高得多。国外某公司对该公司十年来化工设备破坏事件的调查统计结果表明：全面腐蚀仅占8%，其余92%都属于局部腐蚀的范畴，其中应力腐蚀破裂占45.6%，小孔腐蚀占21.6%，腐蚀疲劳占8.5%，晶间腐蚀占4.9%，高温氧化腐蚀占4.9%，氢脆则占3.0%，还有3.5%为其他类型的腐蚀。由此可见局部腐蚀的严重性。这就是近年来对局部腐蚀的研究与控制日益受到重视的原因。

常见的设备腐蚀情况举例：表1-1列举了美国杜邦公司、日本金属工业公司及德国某化工厂的设备腐蚀破坏情况。从表中可以看出，均匀腐蚀破坏占较高的比例，但对生产设备不构成威胁，并且可以先预防，而不带来恶性事故。而应力腐蚀、氢脆及腐蚀疲劳等会给设备带来灾难性破坏，并且难以预防。因此，在设备设计、制造、运行时，应予以高度重视。

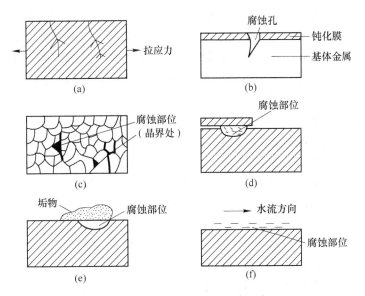

图 1-1　局部腐蚀破坏的几种形式

（a）应力腐蚀破裂；（b）点蚀；（c）晶间腐蚀（金相组织）；（d）缝隙腐蚀；（e）垢下腐蚀；（f）冲刷腐蚀

表 1-1　部分国外企业设备腐蚀破坏情况　　　　　　　　（%）

腐蚀破坏形态	美国（杜邦公司 1968～1969 年统计）	德国（某化工厂 1966～1972 年统计）	日本（金属工业公司 1964～1973 年统计）
均匀腐蚀	31.5	33.0	17.8
应力腐蚀	21.6	28.0	38.0
腐蚀疲劳	1.8	11.0	—
氢脆	0.5	—	—
孔蚀	15.7	5.0	25.0
晶间腐蚀	10.2	4.0	11.5
磨损腐蚀	7.4	6.0	—
空泡腐蚀	1.1	6.0	—
磨振腐蚀	0.5	—	—
缝隙腐蚀	1.8	—	2.2
选择腐蚀	1.1	—	—
非水溶液和高温腐蚀	—	3.0	—
其他腐蚀	6.8	10.0	5.5

注：各类腐蚀事故的统计为 100%。

1.1.2.2　非金属材料的腐蚀

　　绝大多数非金属材料是非电导体，就是少数导电的非金属，如碳、石墨，在溶液中也不会离子化，所以非金属材料的腐蚀一般不是电化学腐蚀，而是纯粹的化学或物理作用，这是与金属腐蚀的主要区别。金属腐蚀多数是在材料的表面，而非金属材料的腐蚀主要发生在材料内部。当非金属材料和介质接触后，溶液（或气体）会逐渐扩散到材料内部，在材料的表面和内部都可能产生一系列变化。例如聚合物分子起了变化，就可能使材料的物理机械性能改变，引起如强度降低、软化或脆化等；橡胶和塑料受溶剂作用后，可能全部或局部溶解或溶胀。同时，溶剂浸入材料内部后，可引起材料的鼓胀或增重、表面起泡、质地变粗糙、变色和失去透明等。

高分子有机物受化学介质作用可能分解，受热作用也可能产生热分解，在日光（紫外线）照射或辐射作用下逐渐变质、老化。一般有机材料不耐高温和强氧化性物质的作用，材料的热变形温度一般不超过150℃。

非金属材料通常由几种物质组成，例如塑料，除合成树脂为主要成分外，还有填料（如玻璃纤维、石英、石墨粉等）、增塑剂、硬化剂等，这些物质的耐腐蚀性能并不相同。在腐蚀环境中，有时材料中的一种或几种成分有选择性地溶出或变质，整个塑料材料也就被破坏了。如层压塑料（玻璃纤维增强塑料）的树脂胶料被破坏后，就产生脱层现象，在氢氟酸中，玻璃纤维或其他硅质填料被腐蚀，材料也就解体，这些是非金属材料的选择性腐蚀。因此，在选用非金属材料时，应注意每一组分的耐腐蚀能力。

非金属材料也会产生应力腐蚀破裂，例如聚乙烯、有机玻璃、不透性石墨等，在化学介质和应力的共同作用下，可出现应力腐蚀破坏。有机玻璃在丙酮中的破裂是由于介质进入材料内部，使吸附面的界面能显著下降，当出现与吸附线方向垂直的拉应力时，材料就沿着这条吸附线裂开。此外，塑料、木材、混凝土等产生的裂缝，都可能是这种"应力吸附破坏"。当然，还有一种"腐蚀胀裂"或称为"化学胀裂"的破坏，如混凝土储槽，由于盐水渗入微孔，盐在孔内结晶时产生膨胀应力而使其破裂。钢筋混凝土内的钢筋生锈，也能使混凝土胀裂。

总之，非金属材料腐蚀破坏的主要特征是物理、机械性能的改变或外形的破坏，它不一定是失重，往往还会增重。

1.1.3　耐腐蚀等级的评定

由于腐蚀环境的不同及材料耐蚀能力的差异，世界各国均制定有适合本国国情的标准，而我国是针对不同的材料采用不同的评定标准。

1.1.3.1　金属材料腐蚀程度的评定方法

金属的腐蚀程度通常是根据金属腐蚀的破坏形式，即全面腐蚀和局部腐蚀两大类分别进行评定的。

A　全面腐蚀的评定

对于金属全面腐蚀的程度，通常以腐蚀率进行定量的描述。腐蚀率有各种不同的表示方法，采用比较多的两种是以腐蚀前后质量变化和厚度（或深度）变化来表示腐蚀率。

（1）以腐蚀质量变化表示的腐蚀率。在腐蚀过程中，由于金属的溶解或腐蚀产物在其表面上的积存，使腐蚀后金属的质量发生变化。其腐蚀率是表示在被腐蚀金属的单位面积上、单位时间内，由于腐蚀引起的质量变化。腐蚀率可用式（1-1）计算：

$$K_{质量} = \frac{g_0 - g_1}{S_0 \cdot \tau} \tag{1-1}$$

式中 $K_{质量}$——腐蚀率，$g/(m^2 \cdot h)$；

　　　g_0——腐蚀前金属的质量，g；

　　　g_1——腐蚀后金属的质量，g；

　　　S_0——被腐蚀金属的面积，m^2；

　　　τ——腐蚀时间，h。

（2）以腐蚀深度表示的腐蚀率。金属被腐蚀后，外形尺寸会发生变化，一般都是变薄。以腐蚀深度表示的腐蚀率就是在单位时间内被腐蚀金属的厚度变化。以工程观点看，腐蚀深度或构件变薄的程度，可以直接用来预测部件的使用寿命，所以这种腐蚀率表示方法能更直观地反映出全面腐蚀的严重程度，具有更大的实际意义。其腐蚀率可用式（1-2）计算：

$$K_{深度} = \frac{K_{质量}}{d} \times \frac{24 \times 365}{1000} = 8.76 \frac{K_{质量}}{d} \qquad (1-2)$$

式中 $K_{深度}$——腐蚀率，mm/a；

　　　d——金属密度。

为了比较各种金属材料的耐腐蚀性能和选材上的方便，根据金属的腐蚀率（$K_{深度}$）的大小，可将金属材料的耐蚀性分成若干等级，但因目前各国标准尚不统一，分别列于表1-2中。

表 1-2　金属材料耐腐蚀性能等级评定与划分

国家	等级	腐蚀深度 /mm·a⁻¹	腐蚀性能评定	国家		等级	腐蚀深度 /mm·a⁻¹	腐蚀性能评定
英国、美国	1	<0.05	完全耐腐蚀	日本		1	<0.05	完全耐腐蚀
	2	<0.5	耐腐蚀			2	0.05~1.0	耐腐蚀
	3	0.5~1.0	尚能耐腐蚀			3	>1.0	不耐腐蚀
	4	>1.0	不耐腐蚀					
原苏联	1	<0.001	完全耐腐	中国	三级标准	1	<0.1	耐蚀
	2	0.001~0.005				2	0.1~1.0	基本耐蚀
	3	0.005~0.01	很耐蚀			3	>1.0	不耐蚀
	4	0.01~0.05						
	5	0.05~0.1	耐蚀		四级标准	1	<0.05	优
	6	0.1~0.5				2	0.05~0.5	良
	7	0.5~1.0	尚耐蚀			3	0.5~1	中等
	8	1.0~5.0						
	9	5.0~10.0	欠耐蚀			4	>1.5	不耐蚀
	10	>10.0	不耐蚀					

B　局部腐蚀的评定

由于金属局部腐蚀破坏形式很多，反映在物理和机械性能方面的变化也很不相同，很难把它们定量地表示出来。例如：孔蚀仅在小孔部位反映出腐蚀深度的变化，其他部位基本没有变化，金属损失很小；又如：晶间腐蚀，金属的质量和外形尺寸虽然没有明显的变化，但其机械强度却变化很大；所以对于局部腐蚀不能采取上述简单的质量变化或外形尺寸变化来评定，而要根据腐蚀的具体形式，采用相应的能真实反映其物理和机械性能的指标来评定。例如对孔蚀，可以计测孔密度和平均孔深，因引起破坏事故的只是最深的孔，所以测出最大孔蚀深度，应当是表示孔蚀程度的一种较为可靠的方法；对晶间腐蚀和应力腐蚀可用腐蚀前后金属的机械强度变化来评定。

1.1.3.2　非金属材料腐蚀程度的评定方法

因为非金属材料和金属材料的腐蚀原理不同，所以对非金属材料的腐蚀程度，不能像金属材料那样用腐蚀率来评定。又因非金属材料种类繁多，评定方法各不相同，大致可分下述几种情况。

A　大多数非金属材料

对大多数非金属材料，一般可采用下列三级标准来评定其耐腐蚀性。

一级：耐蚀，材料良好，有轻微腐蚀或基本无腐蚀；

二级：尚耐蚀，材料可用，有较明显的腐蚀，如轻度变色、变形、失强或增减重等；

三级：不耐蚀，材料不适用，有严重的变形破坏或失强。

上述三级标准主要是根据生产实践经验划分的，具有相当的可靠性。

B　高分子材料

对于一些高分子材料（如塑料、橡胶、玻璃纤维增强塑料、黏合剂等），可参考以下的标准来确定是否可用：

（1）抗弯强度下降小于25%；

（2）质量或尺寸变化小于5%；

（3）硬度（洛氏M）变化小于30%。

满足上述条件的，就可以认为这种材料在试验期内或更长一段时间内是可用的。

C　石墨、玻璃、陶瓷、混凝土等非金属材料

这些材料大都可参考金属材料的四级标准来评定，混凝土根据胶结材料可分为多种，表1-3列出几种不同胶结材料混凝土的一些耐腐蚀性能评定标准。

表1-3　沥青砂浆的评定标准　　　　　　　　　　　　（%）

评定项目	耐蚀	尚耐蚀	不耐蚀
强度变化	>-15	-15~-35	<-35
体积变化	0~1	1~3	>3
质量变化	0~2	2~5	>5
外观变化	不明显	稍有变化	裂纹、起泡、严重剥落

1.1.4　设备防腐的意义

在钢铁厂和有色金属冶炼厂中，金属（特别是黑色金属）是制造冶炼设备的重要材料。由于这些设备经常与酸、碱、盐及其他腐蚀介质接触，使设备造成腐蚀破坏。这不仅使大量的金属材料遭到损失，而且使生产不能正常进行，引起停工停产。此外，由于腐蚀

的危害，使冶炼厂的机械设备、管道的跑、冒、滴、漏现象时有发生，给环境带来了新的危害。

有色金属湿法冶炼设备所处理的物料一般都具有较强的腐（磨）蚀性，设备的防腐常常成为企业生产上的难题。有色冶金企业的直接腐蚀损失与其产值的比例，估计将高于全国的平均数。如果将设备腐蚀造成的泄漏、停工停产以及环境污染等损失统计在内，上述损失价值会更加惊人。随着冶炼技术的迅速发展，生产过程的强化，冶炼设备多在高压、高温和高速情况下运行，设备的耐蚀和防腐问题就变得更加突出了。因此，在冶金设备的研究、设计和生产部门中，积极开展腐蚀和防腐的研究工作，在设计中合理地设计防腐蚀结构，正确地选用各种耐腐蚀材料及采取有效的防腐措施，使之不受或减轻腐蚀，这对保证设备正常运转，延长其使用寿命，节约金属材料，促进冶金工业的发展具有十分重大的意义。

1.2　防腐材料及适用范围

1.2.1　金属防腐材料

少数金属材料对特定的介质是耐腐的，工业上广泛应用的金属结构材料大多数都是合金。各种纯金属的热力学稳定性，大体上可按它们的标准电位值来判断。标准电极电位较正者，其热力学稳定性较高；标准电极电位越负，在热力学上越不稳定，也就容易被腐蚀。有不少热力学不稳定的金属在适当的条件下能发生钝化而获得耐蚀能力，可钝化的金属有锆、钛、钽、铌、铝、铬、铍、钼、镁、镍、钴、铁。它们的大多数都是在氧化性介质中容易钝化，而在 Cl^-、Br^-、F^- 等离子的作用下，钝态容易受到破坏。

在热力学不稳定的金属中，除了因钝化而耐蚀者外，还有因在腐蚀过程初期或一定阶段生成致密的保护性能良好的腐蚀产物膜而耐腐蚀。例如，铅在硫酸溶液中，铁在磷酸溶液中，钼在盐酸溶液中，镁在氢氟酸或烧碱中，锌在大气中均因生成保护性腐蚀产物膜而耐蚀，这类化学转化膜通常称为机械钝化膜。

下面对一些常用的抗腐蚀金属（合金）的性能及适用范围作一介绍。

1.2.1.1　依靠钝化获得耐蚀能力的金属

属于这一类的金属主要有不锈钢、铝及铝合金、钛及钛合金，以及硅铸铁等。它们的耐蚀性是钝化后的属性，因此在能够促进钝化的环境中都是耐蚀的；反而在不具备钝化的条件或会引起钝化膜破坏的环境中就不稳定或不够稳定。

A　18-8 不锈钢

在大气中耐蚀的钢称为不锈钢，在各种化学试剂和强腐蚀性介质中耐蚀的钢称为不锈耐酸钢，通称为不锈钢。不锈钢的种类很多，其中含 Cr 18%、Ni 8%~9% 的一系列 18-8型奥氏体不锈钢，以及在此基础上发展起来的含 Cr、Ni 更高的不锈钢，由于具有优良的耐蚀性和良好的热塑性、冷变形能力和可焊性，因此是应用最广泛的一类耐酸钢，约占不锈钢总产量的 70%。

18-8 不锈钢中的 Cr 是使合金获得钝性的主要钝化元素，Ni 亦是可钝化元素。其耐蚀性特点主要体现在氧化性介质中，所以 18-8 不锈钢在空气、水、中性溶液和各种氧化性介质中十分稳定。

在酸性溶液中的耐蚀性按氧化性酸或非氧化性酸，以及氧化性强弱而异。在室温下各种浓度的硝酸和浓硫酸中都是耐蚀的，但沸腾的浓硝酸（大于 65%）会引起过钝化而剧烈腐蚀，中等浓度以下的硫酸，尤其当温度较高时腐蚀严重。对于磷酸只是室温、小于 10% 浓度中才稳定。在有机酸和有机化合物中大多是稳定的，但不耐沸腾的冰醋酸。在盐酸、氢氟酸等非氧性酸中，其严重腐蚀程度与普通碳钢几乎没有什么区别。

18-8 钢中的镍对碱具有很强的耐蚀能力，因此其在碱性溶液中除了熔融碱外，非常耐蚀。

B　铝与铝合金

铝属于热力学不稳定金属。但铝的钝化倾向很大，不仅空气中的氧而且溶解在水中的氧，及水本身都是铝的良好的钝化剂。

铝材有纯铝及硬铝（铝铜合金）两种，耐大气和水的腐蚀，也耐浓硝酸、发烟硫酸及有机酸的腐蚀，但不耐盐酸、氢氟酸、稀硫酸及稀硝酸和碱、氯盐的腐蚀。纯铝的耐蚀性能比合金好，在腐蚀性较强的环境中，一般采用双层铝做设备，接触腐蚀介质的一面用纯铝，外层则用合金铝加固。

C　钛与钛合金

钛也是热力学不稳定金属，但它的钝化能力比铝、硅都更强。正因为钛具有如此强的钝化特性，所以在各种氧化性介质，包括各种大气和土壤中都非常耐蚀，在沸水和过热蒸汽中也耐蚀。钛在铬酸（沸腾）、浓硝酸与浓硫酸的混酸（6∶4，35℃），甚至高温高浓度的硝酸（除发烟硝酸外）中也能保持钝态稳定性。钛在中性和弱酸性氯化物溶液中仍有良好的耐蚀性。钛对纯的非氧化性酸（盐酸、稀硫酸）是不耐蚀的，对氢氟酸、高温的稀磷酸、室温的浓磷酸也不耐蚀。钛在稀碱液如 20% 以下的 NaOH 中是耐蚀的。若高于此浓度，特别是在高温下，则不耐蚀，会生成氢和钛酸盐。

D　高硅铸铁

含 14.5%~18%Si 的铁碳合金称为高硅铸铁，依靠硅合金化获得钝化能力。高硅铸铁不仅在氧化性的酸和盐溶液中有很高的稳定性，并且在非氧化性酸，如任何浓度的硫酸、磷酸、室温的盐酸、有机酸等溶液中也有良好的耐蚀性，但对碱、氢氟酸、氟化物、卤素、亚硫酸等是不耐蚀的。

1.2.1.2　可钝化或腐蚀产物稳定的金属

A　碳钢与铸铁

碳钢和铸铁在强氧化性介质（如浓 HNO_3、$HClO_3$、浓 H_2SO_4、$AgNO_3$、$KClO_3$、$K_2Cr_2O_7$、$KMnO_4$ 等）中，可以钝化而具有一定的耐蚀性。碳钢和铸铁在 pH>9.5、浓度不超过 30% 的碱溶液中是耐蚀的。当碱浓度更高时，碳钢、铸铁的腐蚀产物是可溶性的，会引起强烈腐蚀。碳钢和铸铁在非氧化性介质中耐蚀性很差。

B　铅、铅合金

铅是有名的耐硫酸材料，但铅材不耐硝酸、醋酸、有机酸和碱的腐蚀。铅有纯铅和硬铅（铅锑合金）两种，纯铅性软，机械强度极低，宜作衬里，如用作槽或管时，需从外部加强。纯铅中加入 6%～15% 的锑即组成硬铅，其强度可增加一倍，可用作管阀及泵等，但硬铅的耐腐蚀能力略有降低。

1.2.1.3 依靠自身热力学稳定而耐蚀的金属

贵金属如 Au、Pt、Ag 等具有很高的热力学称为定性，由于价格昂贵很少用来制造化工设备。

铜在一般条件下不会钝化。铜和青铜的品种有纯铜、铜镍合金、锡青铜、铝青铜和硅青铜几种。这类材料能抵抗硫酸、磷酸、醋酸及稀盐酸的腐蚀，但不耐氧化性的酸，如硝酸、浓硫酸的腐蚀。能抗碱腐蚀，但不耐氨水侵蚀。硫和硫化物对此类材料的腐蚀较严重。

黄铜是含锌约 10%～40% 的铜合金，它的机械性能比纯铜好，耐蚀性略低于纯铜。但黄铜对硫化物和高温氧化物抵抗力比纯铜高，铜及其合金多用于制造换热管、花板、蒸馏塔及筛网等零件。

1.2.2 有机防腐材料

有机防腐材料包括树脂、塑料、橡胶等，下面分别加以介绍。

1.2.2.1 树脂

A 环氧树脂（Epoxy）

环氧树脂是热固性树脂，一般最高使用温度为 90～100℃，耐热型的可达 150℃。该材料具有优良的黏结性，广泛用作胶泥、涂料和玻璃纤维增强塑料（玻璃钢）。也常加入其他填料制成各种模压件，如泵、阀等。与其他树脂混合使用时，性能得到全面改善。

环氧树脂制品耐腐蚀性良好，对稀酸、碱、盐溶液及多种有机溶剂都很稳定，耐水性也很好，但不耐强氧化剂硝酸、浓硫酸等腐蚀。环氧玻璃钢的机械性能优良，机械强度超过聚酯玻璃钢。

B 呋喃（糠醇）树脂

呋喃树脂是一种热固性树脂，最高应用温度为 180～200℃。其特点是耐热性高，耐酸、碱、溶剂等性能优于其他热固性树脂，但不耐氧化性酸或氧化剂的腐蚀，呋喃树脂的缺点是性脆。在呋喃树脂中常加入石棉或石棉塑料或制成玻璃钢防腐衬里。

1.2.2.2 塑料

A 聚丙烯（PP）

聚丙烯是热塑性塑料，除浓硝酸、发烟硫酸、氢磺酸等强氧化性酸外，它能抵抗大多数有机和无机酸、碱和盐的腐蚀，即使在室外大气中暴露，也有较好的抗应力腐蚀能力。

聚丙烯密度小，强度比聚乙烯高。在常温下耐冲击性良好，但在 0℃ 以下则变差。在正常压力状态下，长期工作温度为 110～120℃。

B 聚氯乙烯（PVC）

聚氯乙烯具有优良的耐蚀性能，能抵抗酸（包括稀硝酸）、碱、盐、气体、水等的腐蚀，只有浓硝酸、发烟硫酸、醋酐、酮类、醚类、卤代烃类对聚氯乙烯有腐蚀作用。

聚氯乙烯属热塑性塑料，在防腐设备中广泛用硬材作管道、槽体、排烟道及风机等，软材主要用作垫片、绝缘材料和衬里等。该材料的应用温度一般不超过 60~65℃，若用作设备和管道的衬里，使用温度可达 80~100℃。该材料最低工作温度为-40℃。

C　聚四氟乙烯（PTFE）

聚四氟乙烯具有非常优良的耐腐蚀和耐热性能，使用温度为-200~+260℃，并可在 230~260℃下长期工作。在腐蚀介质中，除不耐熔融的金属锂、钾、钠、三氟化氯、高温下的三氟化氧和高流速的液氟腐蚀外，在其他腐蚀介质中均有良好的抗腐蚀能力。它有抗黏性和低摩擦系数的特点。该材料的缺点是加工困难、价格昂贵。在工程上常用作垫片、密封环、不能润滑的轴衬等，此外，也有用作管、阀、泵、塔的衬里，其软管（加入石墨粉）可制作换热器。

D　ABS 塑料

ABS 塑料是丙烯腈、丁二烯、苯乙烯的共聚物。该材料具有优良的抗冲击性能，它的抗拉强度、耐热和耐腐蚀性能均较好，同时还耐磨、尺寸稳定。它在无机酸、碱和盐中有良好的耐腐蚀能力，但在某些有机介质如酮、酯、卤代烃及不饱和油类及氯气、热浓三氯化锑等无机介质中，若设备处在高应力状况下，则可能产生应力腐蚀而破裂。在工程中常用 ABS 塑料作管子和管件。

E　尼龙（聚酰胺）

尼龙是聚酰胺的俗称，其品种很多。尼龙属热塑性塑料，有良好的耐蚀性，能防止稀酸、碱、盐的腐蚀，对烃、酮、醚、酯及油类等介质亦有良好的抗蚀能力，但对强酸、氧化性酸、酚和甲酸无抗蚀能力。

尼龙的强度高，耐磨损，且自身有润滑作用，故广泛用作齿轮、轴承，也可用作热塑料涂层和防腐滤网。

1.2.2.3　橡胶

A　天然软橡胶

天然软橡胶对非氧化性酸、碱、盐有较好的抗蚀能力，但不耐氧化性酸如硝酸、铬酸、浓硫酸的腐蚀，也不耐石油产品和多种有机溶剂的腐蚀。在防腐设备上主要用作衬里，也可用作耐酸砖衬里槽的中间层，这些衬里设备广泛用于处理盐酸、稀硫酸、磷酸及氢氟酸等。

B　天然硬橡胶（Ebonite）

天然硬橡胶和软橡胶相比，其耐蚀、耐温和强度均增高，但耐磨性较低。产品硬而脆，缺乏弹性，和酚醛塑料相似，它不耐硝酸、浓硫酸、石油产品和酮、酯、烃、卤代烃等溶剂的腐蚀，对醋酸、甲酸、亚硫酸等的耐蚀性比天然软橡胶好。它除了作设备衬里外，也可作整体设备，如泵、管阀等。

在天然硬橡胶中加入氯丁或丁基橡胶，可使产品的脆性降低而韧性增加。

C　丁基橡胶

丁基橡胶是异丁烯和异戊二烯（或丁二烯）的共聚物，它的耐热性较好，工作温度

90~110℃，−51℃脆化，既耐烯硝酸、铬酸、氧和臭氧等氧化性介质的腐蚀，又对非氧化性酸、碱、盐、乙醇、丙酮、动植物油脂和脂肪酸等溶剂有良好的抗蚀能力，但不耐石油产品的腐蚀。耐热性好，透气性很低。

丁基橡胶的抗拉强度、伸长率、耐寒性，电绝缘性能均较高，主要用作储槽的衬里，可用天然橡胶黏结，亦可进行热空气焊接。

D　氟橡胶

氟橡胶的应用温度为−40~230℃，耐蚀性也非常优良，能抵抗各种酸、碱、盐、烃类及石油产品的腐蚀，但耐溶剂腐蚀不及氟塑料。

氟橡胶价格高，主要用于耐高温和强腐蚀环境中的胶管、垫片、密封圈及某些衬里，也可作为橡胶涂料和胶黏剂等。

E　氯磺化聚乙烯

氯磺化聚乙烯是以聚乙烯主原料经氯化、氯磺化反应而制得的具有高饱和化学结构的含氯特殊弹性体材料，属高性能品质的特种橡胶品种。氯磺化聚乙烯的特点是对氧化环境有良好的耐蚀性，它能抵抗80%的硫酸、40%的硝酸、50%的铬酸、85%的磷酸和50%的过氧化氢等介质的腐蚀。另外，对碱、盐、大气、臭氧及多种有机物都有良好的抗蚀能力，但在石油和芳烃类介质中不耐腐蚀。

该材料的耐热性好，最高工作温度为120~140℃，最低工作温度为−54℃。

1.2.3　无机非金属防腐材料

无机非金属材料来源广泛，便宜易得，取之不尽，用之不竭，更重要的是它们具有优良的耐腐蚀性，除了氢氟酸和300℃以上的硫酸外，可耐一切酸的腐蚀，但有些不耐碱。

从材料成分看，无机非金属材料大部分是硅酸盐，因此，它们性脆，热稳定性低。下面对几种典型的无机非金属防腐材料进行介绍。

1.2.3.1　铸石

铸石是一种硅酸盐结晶材料。铸石具有优良的耐磨性和耐腐蚀性。但它性脆，耐急冷急热性能差，抗拉、抗弯、抗冲击强度均低。凡化学组成中二氧化硅的含量大于47%者，都有良好的耐腐蚀性能，为单一矿物（如普通辉石）组成的，耐腐蚀性能也很高。

铸石不能单独用做工程结构材料，多是做设备的衬里。

水玻璃胶泥衬砌铸石砖、板衬里具有较高的耐酸性，能抵抗除氢氟酸、大于15%的氟硅酸和过热磷酸之外的任何浓度和不同状态的酸性介质，并可耐各种有机溶剂的腐蚀。铸石制品除熔融状态碱以外，能耐任何碱性介质的腐蚀，故采用环氧呋喃胶泥衬砌铸石板可用于碱或碱性介质。

1.2.3.2　陶瓷

A　耐酸陶瓷

耐酸陶瓷是由黏土、长石、石英等原料经过粉碎、混合、制坯、干燥和高温煅烧等过程而制成的。其主要化学成分（%）为：$w(SiO_2) = 60 ~ 70$；$w(Al_2O_3) = 20 ~ 30$；

$w(CaO) = 0.3 \sim 1.0$；$w(MgO) = 0.1 \sim 0.8$；$w(Fe_2O_3) = 0.5 \sim 3.0$；$w(K_2O) = 1.5 \sim 2.5$。

耐酸陶瓷的耐酸性能好，可在沸腾温度下耐任何浓度的铬酸、蚁酸、乳酸、脂肪酸等有机酸，及96%的硫酸的腐蚀；在沸点以下可耐任何浓度的盐酸、醋酸、草酸等的腐蚀，但不耐氢氟酸，耐碱性也差。

耐酸陶瓷主要用来制作耐酸的管道、容器和塔器等，也可用来制作耐酸瓷砖。因它抗拉强度低、性脆、不能制作高压容器，在剧热剧冷变化时和硬物敲击下易碎裂。

B　氮化硅陶瓷

氮化硅陶瓷是一种极好的耐蚀性材料，能耐沸腾的硫酸、盐酸、醋酸和30%浓度的氢氧化钠溶液的腐蚀，但不耐氢氟酸。它的抗氧化温度可达1000℃。此外，氮化硅陶瓷还有较高的强度、极好的耐磨性；热膨胀系数小，可经受急冷急热的变化。主要用来制作耐蚀、耐磨、耐高温的精密零部件。

1.2.3.3　玻璃

玻璃是具有非晶体结构的非金属无机材料，是一种酸性氧化物或碱性氧化物组成的复杂盐类。腐蚀工程中多数是采用硼酸盐玻璃和石英玻璃。

硼酸盐玻璃又称为耐热玻璃，它的耐腐蚀性和热稳定性由所加氧化硼的数量而定。硼酸盐玻璃的化学成分（%）为：$w(SiO_2) = 80 \sim 80.5$；$w(B_2O_3) = 10.5$；$w(CaO) = 2$；$w(Na_2O) = 4.5$；$w(Al_2O_3) = 2 \sim 2.5$；$w(Fe_2O_3) = 1.17$。

石英玻璃的特点是线膨胀系数小，在20℃时只有 0.4×10^{-6}，能耐急冷急热的变化，加热至700～900℃的石英制品投入冷水中也不会破裂。

石英玻璃在高温下除氢氟酸和磷酸外，对其他任何浓度的任何酸都是耐蚀的。石英玻璃还能耐20℃以上的稀碱液，但浓碱液可使它溶解；可耐500℃以上氯、溴和碘的腐蚀。锡、锌、铅、铜、银等金属可以在石英设备中溶蚀，但铝和镁即使在真空或惰性气体中溶蚀却会使石英玻璃毁坏。

1.2.3.4　混凝土

凡用胶结材料同骨料相互结合而制成的复合体都可称为混凝土。防腐混凝土包括耐酸的和耐碱的两类。

A　耐酸混凝土

耐酸混凝土（又称为水玻璃混凝土），它是以水玻璃为胶结材料，以氟硅酸钠为固化剂，与耐酸材料（如石英岩、安山岩、铸石碎块等）、细骨料（石英砂）和耐酸粉按一定比例调制而成的。

耐酸混凝土可耐大多数无机酸和有机酸的腐蚀，尤其是耐强氧化性酸（硫酸、铬酸、硝酸）的性能更为突出，也可耐某些有机溶剂和盐溶液的腐蚀，但它不耐氢氟酸、氟硅酸、300℃以上的热磷酸、碱性盐（pH>8）的腐蚀。由于它在水的长期作用下会溶解、在高级脂肪酸中不稳定，所以不能用于长期浸水的设备和有高级脂肪酸浸蚀的设备。

B　耐碱混凝土

普通混凝土中硅酸盐水泥呈碱性，有一定的耐碱蚀能力，再加具有较高耐碱性的石灰石类骨料及适当的添加剂等，就制成了耐碱混凝土，温度在50℃以下时，能耐浓度15%以下的氢氧化钠等强碱的腐蚀。

C 硫磺混凝土

硫磺混凝土是以硫磺胶泥（又称为硫磺水泥）或硫磺砂浆为胶结材料，与耐酸骨料（耐酸石子）按一定比例调制而成的，故称为硫磺黏结材料。

硫磺混凝土在常温下能耐任何浓度的硫酸、盐酸、磷酸、硼酸和草酸，40%以下的硝酸，25%左右的铬酸，中等浓度的乳酸、醋酸等的腐蚀。对某些有机溶剂、盐类和弱碱也有一定的耐蚀性。但不耐浓硝酸、强碱和极性有机溶剂的腐蚀。当采用石墨粉作填料时，还可耐一定浓度的氢氟酸和氟硅酸。

1.2.3.5 石墨

人造石墨是由焦炭在2000~2400℃的温度下煅烧而成的，它既具有非金属材料的某些特点，如优良的化学稳定性；又具有金属材料的某些特性，如良好的导电和导热性能。但人造石墨中有许多孔隙，孔隙之间互相贯通，这不仅影响了石墨的机械强度和加工性能，而且会造成腐蚀介质的渗漏，为克服这些缺点通常利用各种浸渍剂（如酚醛树脂、呋喃树脂等）或黏结剂（如水玻璃等）对人造石墨进行浸渍、压形和浇注等加工处理，使其变成不透性石墨制品。

不透性石墨制品能耐多种无机和有机酸腐蚀，特别突出的是能耐沸点以下任何浓度的盐酸和氯盐溶液和48%以下的氢氟酸溶液酮，在67%以下的氢氧化钠及某些有机溶剂（如丙酮、丁醇、氯仿、甲醇等）的腐蚀。

由于不透性石墨具有许多优良的性能，所以广泛用来制造各种类型的加热器、冷却器、吸收塔、离心泵、球心阀、流体输送管件等。也可制成石墨砖，作为防腐设备的衬里。

1.3 冶金设备防腐方法

冶金设备防腐没有一种万能的方法。研究金属腐蚀的各种机理和影响因素，是为了有针对性地发展控制金属腐蚀的技术与方法。目前，普遍采用控制金属腐蚀的基本方法有如下几种：（1）正确选用金属材料与合理设计金属的结构；（2）涂层保护，包括金属涂层、化学转化膜、非金属涂层等；（3）电化学保护，包括阴极保护和阳极保护；（4）改变环境使其腐蚀性减弱，如添加缓蚀剂或去除对腐蚀有害的成分等。

对于具体的金属腐蚀问题，需要根据金属产品或构件的腐蚀环境、保护的效果、技术难易程度、经济效益和社会效益等，进行综合评估，选择合适的防护方法。

1.3.1 结构材料自身防腐

针对具体的腐蚀环境选择合适的金属或合金或非金属材料作为结构材料是设备防腐蚀的重要手段，这样可使设备制作简化，不必单独进行防腐处理。

1.3.1.1　金属或合金结构材料自身防腐

在选用金属或合金作为自身防腐的结构材料时，可定性地按金属（合金）-腐蚀介质组合进行选用。这种方法所选用的材料一般具有最高的耐腐蚀性能。金属（合金）-腐蚀介质组合情况如下：

（1）钢-浓硫酸。

（2）铝-非污染大气。

（3）铅-稀硫酸。

（4）锡-蒸馏水。

（5）钛-热的强氧化性溶液。

（6）不锈钢-硝酸。

（7）蒙耐尔合金-氢氟酸。

（8）哈氏合金-热盐酸。

（9）镍、镍合金-碱。

对于硝酸，首先考虑采用的材料是不锈钢，因为它对硝酸在较宽的温度和浓度范围内均有良好的抗蚀能力。处理蒸馏水的设备多数是采用锡或镀锡板、管材制造。

另外，可按材料-环境体系选用金属材料作为结构材料，具体选用如下：

（1）在还原性环境中，通常选用镍、铜及其合金。

（2）对氧化性环境，采用含铬的合金。

（3）对氧化性极强的环境，宜用钛及钛合金。

金属和合金品种有数万种之多，仅不锈钢就有几十种，在选用金属材料时，对冶炼设备所处的"材料-环境"体系，都应进行详尽的调查研究，确切了解某种材料在给定的腐蚀环境中的抗蚀性能，切不可盲目选用。

根据腐蚀环境选择耐腐蚀的金属材料作为结构材料时一般应遵守的原则为：

（1）根据腐蚀介质的性质、温度和压力选材。介质的性质（氧化性或还原性）、浓度、介质中的杂质均直接影响腐蚀速度。介质温度升高，腐蚀速度加快；介质处在低温时则材料会产生冷脆；介质压力高则对材料的强度、耐蚀能力的要求也高。

（2）根据冶炼设备的类型、结构选择材料。例如，泵体、泵的叶轮，除要耐蚀外，还要求材料具有良好的抗磨及铸造性能；换热器则要求材料还应具有良好的导热能力等。

（3）根据产品要求选择材料。某些产品要求清洁，防止金属离子污染等，虽然介质不具有腐蚀性质，但在选材时亦应慎重对待。

（4）根据材料货源及价格选材。选材时应立足国内资源，应大力推广耐腐蚀铸铁、低合金钢及无铬镍不锈钢的应用。高铬镍不锈钢尽可能少用。我国国内钛资源丰富，在钛材质量、价格均佳的前提下应提倡使用。

1.3.1.2　选用耐腐蚀的非金属材料作为结构材料

耐腐蚀的非金属材料分为无机和有机两类，前者性脆，后者强度低。因此，只有非反应器类的设备才采用耐腐非金属材料作结构材料。如用环氧玻璃钢制作储酸槽，运酸槽及风机等，用塑料制作储液槽，过滤槽，抽滤槽（聚丙烯）及管道，阀门、风机、泵等；用麻石（花岗石）制作储酸槽，抽滤槽等，用耐酸陶瓷制作小型过滤槽等。

1.3.2　结构材料表面衬、涂、镀防腐层

在金属结构材料表面衬、涂、镀防腐层的方法是防止金属腐蚀的常用措施之一。防腐层的作用是使金属设备与腐蚀介质隔开，以阻碍金属表面上产生微电池作用。例如铁容器表面覆盖铅，即可防止硫酸的侵蚀。同样，用酚醛漆覆盖在铁表面，就可防止铁在盐酸中不受到破坏。防腐层应选用合适的耐腐蚀材料，采用机械或物理方法将其贴附于被保护设备的表面上。防腐层耐腐蚀材料有金属和非金属覆盖层两类。

1.3.2.1　金属镀层保护

金属镀层根据其在腐蚀电池中的极性，可分为阳极性镀层和阴极性镀层。锌镀层就是一种阳极性镀层。在电化学腐蚀过程中，锌镀层的电位比较低，因此是腐蚀电池的阳极，受到腐蚀；铁是阴极，只起传送电子的作用，受到保护。阳极性镀层如果存在空隙，并不影响它的防蚀作用。阴极性镀层则不然，例如锡镀层在大气中发生电化学腐蚀时，它的电位比铁高，因此是腐蚀电池的阴极。阴极性镀层若存在空隙，露出小面积的铁，则和大面积的锡构成电池，将加速露出的铁的腐蚀，并造成穿孔。因此，阴极性镀层只有在没有缺陷的情况下，才能起到机械隔离环境的保护作用。

为了提高阴极性镀层的耐蚀性，发展了多层金属镀层。例如，铬电镀层具有高硬度和漂亮的外观，是一种典型的阴极性镀层，耐蚀性很差。Cu-Ni-Cr 三层电镀层是最常用的防护装饰镀层。镀铜底层可以提高镀层与钢基体的结合力，降低镀层内应力，提高镀层覆盖能力，降低镀层空隙率；铬镀层相对铜镀层是阳极性镀层。因此，Cu-Ni-Cr 三层镀层可以显著提高镀层的耐蚀性。

合金化可以提高镀层的耐蚀性。例如，在金属锌镀层中加入一定量的 Fe、Ni、Co，形成 $w(Zn) = 10\%$，$w(Fe) = 20\%$、$w(Zn) = 3\%$，$w(Ni) = 13\%$，$w(Zn) = 0.3\%$，$w(Co) = 1\%$ 等合金镀层。Fe、Ni、Co 加入锌镀层后其电位变正，更接近钢基体的电位，镀层与基体构成的腐蚀电池的电动势变小，腐蚀速率显著下降。因此，镀层合金化是提高镀层的有效途径之一。

为了提高镀层的耐蚀性能、耐冲刷性能、结合力等综合性能，发展了微晶镀层、纳米镀层、非晶镀层、梯度镀层、复合镀层等。

1.3.2.2　非金属涂层保护

非金属覆盖层保护可分为涂层保护和衬里保护两类。非金属保护具有优良的防腐蚀能力，在冶炼设备的防腐中已占有十分重要的地位，是一种具有广阔前景的防腐方法。

非金属涂层保护又称为涂料保护，涂层应满足如下要求：

（1）涂层材料在腐蚀介质中非常稳定。

（2）所形成的涂层（如漆膜）完整无孔，不会透过介质。

（3）涂层与主体金属黏结牢固，具有一定机械强度和适当硬度与弹性。

涂层材料繁多，分类方法也多种多样，通常按涂层的成膜物质分类，如油脂漆、醇酸树脂漆、酚醛树脂漆等。

除了非金属涂层以外，非金属衬里保护是应用最广和最重要的防腐方法。非金属衬里用材料有塑料板、橡胶板、瓷板、瓷砖、陶板、辉绿岩板、石墨板及玻璃钢等，下面分别详细介绍非金属材料衬里防腐。

1.3.2.3　硬聚氯乙烯衬里

由于硬聚氯乙烯既可作防腐结构材料，也可作衬里防腐材料。硬聚氯乙烯衬里方法一般有松套衬里、螺栓固定衬里、粘贴衬里三种。

A　松套衬里

以钢壳为主体，里面加衬硬聚乙烯薄板作为防腐层，衬里和钢壳不加以固定，因而钢壳不限制硬聚氯乙烯的收缩，这种衬里方法即是松套衬里。

松套衬里常用于尺寸较小的设备。由于衬里底部转角容易产生应力集中，因此底角以采用折边圆角结构为宜。

松套衬里的施工与其他衬里施工方法相似。钢壳内壁应符合硬聚氯乙烯塑料板施工要求，如内壁和底部均平整，不允许有电焊疤等局部凸起等。

因硬聚氯乙烯塑料线膨胀系数比钢材大 5~7 倍，故衬里应考虑补偿装置。

B　螺栓固定衬里

对于尺寸较大的设备，采用螺栓将衬里层固定在钢壳上的衬里方法称为螺栓固定衬里。螺栓固定衬里可以防止衬里层从钢壳上脱落。

这种衬里方法对钢壳表面要求不高，只要把焊缝等突出部分磨平即可。衬里施工比较简单，施工进度较快，但由于衬里层和钢壳之间没有紧紧贴服，加上膨胀节本身耐压能力也不高，致使这种结构的设备使用压力仍不能过高。

C　黏贴衬里

用黏贴剂把聚氯乙烯薄板（2~3mm）黏贴在钢壳内表面的衬里方法，就称为黏贴衬里。黏贴衬里不仅使衬里层不会从钢壳上脱落，而且使衬里层与钢壳之间的空隙为胶黏剂所填满，因而提高设备的工作压力。黏结硬聚氯乙烯的胶黏剂主要有过氯乙烯胶液及聚胺胶液（即乌里当），后者比前者黏结强度高，但不耐腐蚀，故应用焊条将各板缝处封焊。

1.3.2.4　玻璃钢衬里

我国 1960 年以后才开始用玻璃钢防腐衬里，成功解决了许多腐蚀问题。

玻璃钢衬里就是在金属、混凝土及木材为基体的设备内表面，用手工贴衬玻璃纤维织物并涂刷胶液形成玻璃钢防腐层。其主要优点是：施工方便，技术容易掌握；整体性能好，强度高，使用温度高，混凝土等基体黏结力强，适于大面积和复杂开关设备以及非定型设备的成形；成本低，因而可与传统的砖板衬里、橡胶衬里、聚氯乙烯衬里等相媲美。

玻璃钢衬里除上述优点外，也有不足之处：施工操作环境较差，衬里的质量决定于施工技术和胶液配比的准确程度，因而易出现质量不稳定的缺陷。

按树脂种类、配合比、热处理温度高低不同，玻璃钢衬里可分为九种，见表1-4。

表 1-4 玻璃钢衬里种类

序号	玻璃钢名称	固化及热处理类型	固化剂	层 间 结 构		
				底层	中间层	面层
1	环氧玻璃钢	低温	乙二胺	环氧	环氧	环氧
2	环氧玻璃钢	中温	间苯二胺	环氧	环氧	环氧
3	环氧玻璃钢	高温	聚酰胺或酸酐	环氧	环氧	环氧
4	环氧/酚醛	低温	乙二胺	环氧	环氧/酚醛	酚醛（钠型）
5	环氧/酚醛	中温	间苯二胺	环氧	环氧/酚醛	酚醛（钠型）
6	环氧/呋喃（7∶3）	中温	间苯二胺	环氧	环氧/呋喃	环氧-呋喃或酚醛-呋喃
7	酚醛玻璃钢	中温	苯磺酰氯	环氧或酚醛	酚醛	酚醛（钠型）
8	酚醛玻璃钢	高温	热固化	环氧或醛	酚醛	酚醛（钠型）
9	双酚 A 型聚酯	低温	过氧化环己酮萘酸钴	环氧（乙二胺）	双酚 A 聚酯	双酚 A 聚酯

1.3.2.5 砖板衬里

所谓砖板衬里，就是在金属或混凝土等为基体的设备内壁，用胶泥衬砌耐腐蚀砖板等块状材料，将腐蚀介质与基体设备隔离，从而起到防腐作用。

砖板衬里在我国防腐工作中应用较早，在生产设备防腐中占有重要的地位。据估计，约占化工、冶金生产中全部防腐设备的一半。

1.3.2.6 橡胶衬里

橡胶衬里具有良好的物理机械性能、耐腐蚀性能和耐磨性能，作为金属设备的衬里，与基体黏着力强，施工容易，检修方便，衬里后设备增重小，所以橡胶衬里设备在石油、化工、制药、有色冶金和食品等工业部门得到广泛应用。

1.3.3 电化学防腐

1.3.3.1 电化学防腐的特点

一般来说，金属的腐蚀过程本质上是个电化学过程。金属在自然环境和工业生产中的腐蚀损坏，相当部分是在电解质溶液中发生的，所以这种腐蚀具有电化学的性质。研究表明，可以用改变金属/介质电极电位的方法来达到保护金属，避免遭受腐蚀的目的，这种方法称为电化学保护法。其作用原理是：当施加外部电流于金属上时，金属的电极电位会发生改变，或者变得更正些，或者变得更负法。在达到某一较正的电位值或较负的电位值时，都可使金属的腐蚀减缓，甚至停止。所以电化学防腐的实质是利用外部电流使金属电位发生极化，从而防止腐蚀。它可分为阴极保护和阳极保护两种。

阴极保护是利用一个外电源或一种连接在金属设备上的活泼金属，往金属设备源源不断地输送电子，使腐蚀电池的阳极转变为阴极或使腐蚀电池阴、阳极电位差等于零，这样金属腐蚀过程即停止。

阳极保护是用一个外电源使金属设备变成阳极，在金属表面电子流向电源的正极，同时金属表面即形成耐腐蚀性薄膜而纯化，腐蚀速度因而显著降低。

1.3.3.2　阴极保护

所谓阴极保护，就是使被保护物体成为电化学体系中的阴极，进行阴极极化，从而使其受到保护的一种电化学保护方法。

阴极保护主要应用于如下介质中：

（1）淡水及海水中用以防止码头、船舶、平台、闸门、冷却设备的腐蚀。

（2）碱及盐类溶液中用以防止储槽、蒸发罐、熬碱锅等腐蚀。

（3）土壤及海泥中，用以防止管道及电缆等的腐蚀。

由于金属作为腐蚀电池的阳极而失去电子，所以金属发生腐蚀。如果在腐蚀电池上连接辅助阳极，使电子流入辅助阳极金属，于是金属的腐蚀溶解就不再进行，即得到完全保护。由此可见，阴极保护需要用辅助阳极。如果用电位更负的金属作为辅助阳极，则由所形成的电池电动势来驱动保护电流。在这种情况下，保护电流靠该金属的溶解提供，这就是牺牲阳极保护法；如果用外部的直流电源提供保护电流，靠电源电压来驱动电流，辅助阳极作为导体（如高硅铸铁等）只起传输电流作用，这就是外加电源阴极保护法。阴极保护工作原理如图 1-2 所示。

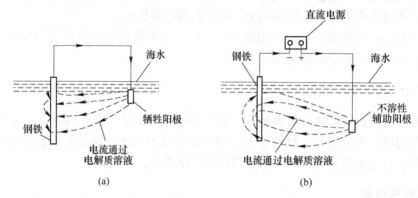

图 1-2　阴极保护工作原理示意图
（a）牺牲阳极保护法；（b）外加电流保护法

牺牲阳极保护的原理与外加电流阴极保护完全相同，其区别在于：使被保护金属阴极极化所输入的电流，前者靠一具有更负电位的金属牺牲阳极的腐蚀溶解提供的电流来达到保护的目的，后者则靠外加直流电源提供。

1.3.3.3　阳极保护

生成一层高耐腐蚀性的钝化膜，使金属与腐蚀介质隔开。阳极保护是使金属处于稳定的钝化状态的一种防腐方法，其原理是：对于那些采用能够钝化的金属制成的设备在使用电解质溶液作介质的情况下，利用外加电源往金属设备输送电流使之进行阳极极化，达到一定电位，金属表面的腐蚀速度便显著降低，使金属得到保护。

与阴极保护相似，并不是输入电流越大，阳极保护的效果越好。利用金属的恒电位阳极极化曲线如图 1-3 所示，可以更加清楚地说明阳极保护的原理。

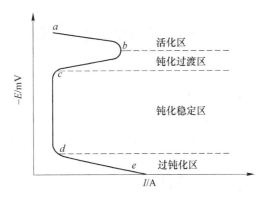

图 1-3　活化-钝化金属的阳极极化曲线

　　由图 1-3 可知，能够钝化的金属，外加阳极电流后，从 a 点开始，金属的电流随电位的增高（即电位往正向移动）逐渐增大；到达 b 点时，电流突然减小，这是因为在金属表面已经开始生成了一层高电阻、耐蚀钝化膜；电位上升到 c 点以后，继续升高电位，而电流仍保持在一个基本恒定的微小值上；当电位上升到 d 点时，电流又开始随电位的增高而增大，这是因为钝化膜由于过高的电位被破坏，金属得以进行新的阳极反应。

　　由上述情况可知，恒电位阳极极化曲线可分为如下几个区：从 a 点到 b 点的电位范围为活性区；b 点到 c 点的电位范围称为钝化过渡区；c 点到 d 点电位范围称为钝化稳定区；d 点以后的电位范围称为过钝化区。由此可见，进行阳极保护时，要使金属设备表面生成耐腐蚀的钝化膜，必须首先对设备输入较强的阳极电流，使钝化膜逐渐形成。b 点是金属建立钝化的临界点，它所对应的电流 I_b 称为致钝电流（或称为临界电流）。钝化膜形成以后，输入很小的阳极电流就可以使钝化膜保持稳定，因此对应 cd 段的电流 I_m 称为维纯电流。

 思 考 题

1-1　腐蚀的定义是什么？设备腐蚀的种类有哪些？

1-2　化学腐蚀和电化学腐蚀的主要差别是什么？

1-3　金属腐蚀的本质是什么，均匀腐蚀速度的表示方法有哪些？

1-4　局部腐蚀的定义及类型？

1-5　用两种材料制作同样规格的两个设备，其壁厚均为 8mm，一种材料在腐蚀介质中产生全面腐蚀，腐蚀率为 0.1mm/a，另一种材料为孔蚀，平均腐蚀率为每个孔 0.08mm/a，但个别孔蚀深 1.5mm/a，多少年内，两个设备都安全？若运行 6 年，哪种材料不安全？哪种材料很安全？

1-6　耐腐蚀材料共分几大类？它们的性能与特点如何？

1-7　试说明各种防腐方法的原理及作用。

1-8　硫酸介质的反应设备宜选用什么结构材料和防腐蚀材料？还是两者兼用一种材料？

2 流体输送设备

气体和液体统称为流体。湿法冶金生产中所处理的物料包括大量的物体，流体输送也是湿法冶金生产过程中较为普遍的单元操作之一，其主要问题包括：流体通过管道或设备的压力变化，输送所需功率，流量测量，输送机械的选择与操作等。

2.1 流体输送的基本知识

2.1.1 流体的基本性质

2.1.1.1 连续介质假定

流体容易被分割，流体在静止时，只能抵抗压力，不能抵抗拉力和剪切力，只要流体受到剪切力的作用，即使这个力很小，都将使流体产生连续不断的变形，只要这种作用力继续存在，流体就将继续变形，流体内部各质点之间就要发生相对运动，这就是流体的流动性。冶金工程中流体输送通常忽略流体微观结构的分散性，而将流体视为由无数流体微团所组成的无间隙的连续介质，这就是所谓的流体连续介质假定。在流体连续介质假定的基础上，流体的物理性质和运动参数就具有连续变化的特性，从而可以利用基于连续函数的数学工具从宏观角度考察和研究流体流动的规律。

2.1.1.2 流体的压缩性

流体的压缩性是指流体的体积随压力变化而变化的关系。如果流体的体积不随压力而变化，该流体就是不可压缩流体，反之则为可压缩流体。实际流体都是可压缩的。液体的压缩性很小，在大多数场合下可视为不可压缩流体。气体压缩性比液体大得多，一般认为是可压缩的，称为可压缩流体。但如果压力变化很小，温度变化也很小，则可近似认为气体是不可压缩的。

2.1.1.3 流体的剪切力与黏度

剪切力是平行作用于流体表面的力，液体与固体的主要差别就在于二者对剪切力抵抗能力的不同。固体在剪切力作用下会产生相应的形变以抵抗外力，而静止流体在剪切力的作用下发生连续不断的变形，即液体具有流动性。

冶金过程中，对各种不同的流体，其流动性有很大的差异，如水的流动性比浓碱溶液的流动性好，主要是由于流体具有不同黏性所造成的。黏性是流动性的反面，其大小用物理量黏度来衡量。事实上，在运动着的流体内部两相邻流体层之间由于分子运动而产生内摩擦力（或称为黏性力），这种黏性力的大小可由牛顿黏性定律式(2-1)确定。

如图 2-1 所示，在运动的流体中取相邻的两层流体，设接触面积为 A，两层的相对速度为 $\mathrm{d}u_x$，层间垂直距离为 $\mathrm{d}y$。实验证明：两层流体之间产生的内摩擦力 F 与层间的接触面积 A、相对速度 $\mathrm{d}u_x$ 成正比，而与垂直距离 $\mathrm{d}y$ 成反比，即：

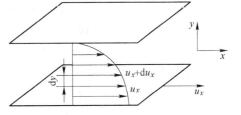

$$F = \mu A \frac{\mathrm{d}u_x}{\mathrm{d}y} \tag{2-1}$$

图 2-1　两平行平板间流体速度的变化

单位面积上的内摩擦力称为内摩擦应力或切应力，用 τ 表示，于是上式可写成：

$$\tau = \frac{F}{A} = \mu \frac{\mathrm{d}u_x}{\mathrm{d}y} \tag{2-2}$$

式中　τ——单位面积上的内摩擦力，N/m^2；

　　　μ——流体的黏性系数，称为动力黏度，简称黏度，$N \cdot s/m^2$；

　　　$\dfrac{\mathrm{d}u_x}{\mathrm{d}y}$——法向速度梯度，$s^{-1}$。

由式（2-2）可知，当 $\dfrac{\mathrm{d}u_x}{\mathrm{d}y} = 1$ 时，$\mu = \tau$，所以，黏度的物理意义为促使流体流动产生单位法向速度梯度的切应力。在相同的流速下，流体的黏度越大，流动时所产生的内摩擦力也就越大，即流体因克服阻力所损耗的能量越大，这也就表示流体的流动性越差。为了克服这种内摩擦力所造成的阻力而使流体维持运动，必须供给流体一定的能量，这也就是流体运动时造成能量损失的原因之一。而当流体处于静止状态或各流体之间没有相对速度时，流体的黏性没有表现出来。流体的黏度性质对于研究流体的流动以及在流体中进行的传热和传质过程都具有重要的意义。

不同的流体具有不同的 μ 值，流体黏性越大，其值越大，由式（2-2）得：

$$\mu = \frac{\tau}{\dfrac{\mathrm{d}u_x}{\mathrm{d}y}} \tag{2-3}$$

在国际单位制中，动力黏度的单位名称为帕斯卡·秒，符号为 $Pa \cdot s$，$1Pa \cdot s = 1N \cdot s/m^3$。在工程上有时用黏度和密度的比值来表示流体黏性的大小，称为流体的运动黏度，即：

$$\nu = \frac{\mu}{\rho} \ (m^2/s) \tag{2-4}$$

气体、液体、液态金属与合金、熔盐等的黏度有图表可查或用经验公式计算。流体的黏度随温度而变，温度升高，液体黏度降低，而气体黏度增大。压力对液体黏度基本上无影响，而对气体黏度的影响只有在极高或极低压力下才比较明显。

2.1.1.4　流体的流动形态

1883 年英国物理学家雷诺首先对流体的流动形态进行了实验研究发现，无论是何种流体流经何种管道都存在两种流动形态。如图 2-2 所示为雷诺实验装置示意图，水以一定的平均速度 u 在稳定状态下通过一透明管，水流速度大小可由管路出口处阀门来进行调节。

在水槽上部放置一个有色液体储器，下接一根细的导管及细嘴，将有色液体引入透明管内。有色液体作为流动情况的示踪剂，通过观察其流动状况可判断出管内水质点的运动状况。流体流动时，在水的流速从小到大的变化过程中，可以观察到两种截然不同的流型即所谓的雷诺现象。

当水流速度较低时，有色液体成一根细线，如图 2-3（a）所示，这表明水的质点也作直线运动。此时，圆管内流体好像分成无数个同心圆筒，各层圆筒上的流体质点互不混杂。这种流型被定义成层流或滞流。当将出口阀门开度逐渐调大时，有色液体细线开始出现波动而成波浪形，如图 2-3（b）所示，但轮廓仍很清晰且不与清水相混合，这称为过渡状态。继续调大阀门开度，波动加剧，细线断裂。当水流速度达到某一数值后，有色液体瞬间弥漫开来，使整个玻璃管内的流体呈现均匀的颜色，如图 2-3（c）所示。这表明，此刻水的质点的速度在大小和方向上时刻都在发生变化，这种流型被定义成湍流或紊流。

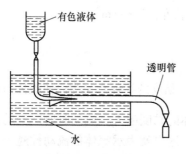

图 2-2 雷诺实验装置

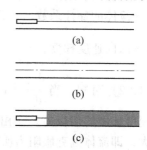

图 2-3 两种流动类型
（a）层流；（b）过渡状态；（c）湍流

影响流体流动形态的因素除了与平均流体流速 u 有关外，还有管径 d、流体密度 ρ 和黏度 μ，流体的流动形态可由上述四个因素组成的复合数群来判断，称为雷诺准数，用"Re"表示，即：

$$Re = \frac{du\rho}{\mu} \tag{2-5}$$

在任何一种单位制中，只要 d，u，ρ，μ 取相同的单位值，所得到的 Re 是无因次的。这种由几个物理量组成的无因次数群又具有一定的物理意义，在化学工程中称为"准数"。

一般工程上认为，流体在直管内流动时，遵循以下的雷诺判据：

当 $Re \leqslant 2000$ 时，流动为层流；

当 $Re \geqslant 4000$ 时，流动为紊流；

当 $2000 < Re < 4000$ 时，流动为过渡流。

雷诺准数的物理意义是惯性力与黏性力之比，其值反映了流体流动的湍动程度，其值越大，表明惯性力大，黏性力小，流体的湍动程度越剧烈。

2.1.2 流体在管内的流动

2.1.2.1 流量与流速

A 流量

单位时间内流经流通截面的流体量称为流量。通常根据流体量以体积计或质量计而分为体积流量和质量流量。

体积流量。单位时间内流经管道内任一截面积的流体体积数，以 V_s（m^3/s）表示。

质量流量。单位时间内流经管道内任一截面积的流体质量数，以 m（kg/s）表示。

V_s 与 m 之间的关系：

$$m = \rho V_s \qquad (2-6)$$

式中 ρ——流体密度，kg/m^3。

B 流速

单位时间内，流体质点沿流动方向所流经的距离，称为流速，用 u 表示，单位：m/s。

流体在管内流动时，由于流体黏性的存在，管道横截面上各流体质点的流速各不相同。实验证明：流体流经管内任一截面上各点的流速沿管径而变化，即在管道截面中心处为最大，越靠近管壁处流速越小，由于流体质点黏附在管壁上，导致管壁处的流速为零。为了区别，通常称截面上各点的流速为点流速。由于流体在管截面上的速度分布较为复杂，点流速的概念不便于工程应用和计算。因此，为方便起见，在工程上计算管道内流速采取截面平均流速的方法，即：

$$u = \frac{V_s}{A} \qquad (2-7)$$

式中 A——与流体流动方向相互垂直的管道截面积，m^2。

质量流速。单位截面积上单位时间流过的流体质量数，以 G（$kg/(m^2 \cdot s)$）表示。

$$G = \frac{m}{A} \qquad (2-8)$$

u 与 G 的关系式为：

$$G = u\rho \qquad (2-9)$$

冶金生产中一般采用圆形管路，其内径的大小可根据流量和流速进行计算。流量通常由生产任务决定，而流速则需要综合各种因素进行经济核算而进行合理选择。根据经验总结，常见流体的经济流速的大致范围见表2-1。

表 2-1 某些流体的常用流速范围

流体种类及状况	常用流速范围/$m \cdot s^{-1}$	流体种类及状况	常用流速范围/$m \cdot s^{-1}$
水及一般液体	1.0~3.0	饱和水蒸气	
黏度较大的流体	0.5~1.0	>800kPa	20~40
低压气体	8~15	<800kPa	40~60
易燃、易爆的低压气体	<8	过热水蒸气	30~50
压力较高的气体	15~25	真空操作下气体	<10

2.1.2.2 稳定流动和不稳定流动

流体流动时，若任一截面的流速、流量与压力等参数都不随时间改变，只与空间位置有关，这种流动称为稳定流动。反之，流体流动时，若任一截面的流速、流量与压力等参数有部分或全部随时间改变，这样的流动称为不稳定流动。例如从高位槽流出的液体，当槽内液体得不到补充，因而液面随时间延长而降低，致使液流的压力、流速、流量等都相应变小，就属于不稳定流动。

在冶金生产中，绝大部分过程的流体流动为不稳定流动，对这种流动的研究，由于考虑时间因素，所以比较困难。有些变化很轻微或很缓慢地流动，其过程趋近于稳定流动，为简化起见，通常作稳定流动处理。

2.2 流速与流量的测量

流体的流速和流量都是工业生产中重要的参数。为了按照生产任务的要求实现调节与控制，测定流量是一种不可或缺的手段。

2.2.1 测速管

测速管装置简单，流动阻力小，适用于测量大直径气体管道内的气速，但不能直接测定流量，且一般压差的读数较小，需要放大才能使读数较为准确。

测速管又称皮托管。如图 2-4 所示，它由两根弯成直角的同心套管和 U 形管组成，内管壁面无孔，套管端部环隙封闭，外管靠近端点的壁面处沿圆周开有若干测压小孔。为了减小涡流引起的测量误差，测速管的前端通常制成半球形。测量时，测速管管口正对管路中流体流动方向，其内管及外管分别与 U 形压差计两端相连。

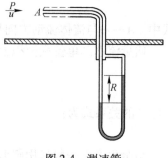

图 2-4　测速管

测速管使用时的注意事项：

（1）测速管所测的速度是管路内某一点的线速度，它可以用于测定流道截面的速度分布。

（2）一般使用测速管测定管中心的速度，然后根据截面上速度分布规律换算平均速度。

（3）测速管安装于管路中，装置头部和垂直引出部分都将对管道内流体的流动产生影响，从而造成测量误差。因此，除选好测点位置，尽量减少对流动的干扰外，一般应选取测速管的直径小于管路直径的 1/50。

（4）测速管一般应放置于流体均匀流段，且其管口截面严格垂直于流动方向，一般测量点的前后最好各有 50 倍直径长的直管距离，至少应有 8~12 倍直径长以上的直管段。

2.2.2 孔板流量计

孔板流量计属压差式流量计，是利用流体流经节流元件产生的压力差实现流量的测量。如图 2-5 所示，孔板流量计的节流元件是孔板，即中央开有圆孔的金属板。将孔板垂直安装在管路中，以一定取压方式测取孔板前后两端的压差，并与压差计相连，即构成孔板流量计。

由图可以看出，流体在管路截面 1-1′ 处流速为 u_1，继续往前流动，由于受到节流元件的制约，流束开始收缩，其流速增大。由于惯性作用的影响，流束的最小截面并不在孔口处，经过孔板后流束仍然继续收缩，直到截面 2-2′处为最小，流速 u_2 为最大，流束截面最小处称为缩脉。经过缩脉后，流束逐渐扩大，直到截面 3-3′处，又恢复到原有管截面，流速也降到原来的值。

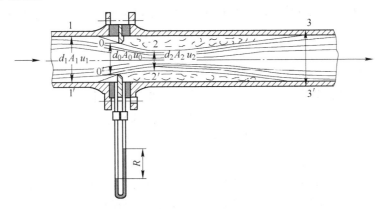

图 2-5 孔板流量计的结构

在流速变化的同时，流体的压力也发生变化，在截面 1-1′处流体的压力为 P_1，流束收缩后，压力也下降，到缩脉 2-2′处下降到最低，而后压力又随流束的恢复而恢复。但在板孔出口处由于流通截面突然缩小与扩大而形成旋涡，消耗一部分能量，所以流体在截面 3-3′的压力 P_3 不能恢复到原来的压力 P_1，即 $P_3 < P_1$。

流体在缩脉处流速最大，即动能最大，而相应的压力则最低，因此当流体以一定流量流经小孔时，在孔板前后就产生一定压差 ΔP。流量越大，ΔP 也就越大，并存在对应关系，因此通过测量孔板前后的压差即可测量流量。

孔板流量计安装时，上、下游需要有一段内径不变的直管作为稳定段，上游长度至少为管径的 10 倍，下游长度为管径的 5 倍。

孔板流量计结构简单，制造与安装方便，其主要缺点是能量损失较大。这主要是由于流体流经孔板时，截面的突然缩小与扩大形成大量涡流所致。如前所述，虽然流体经管口后在缩脉处流速恢复到流过孔板前的数值，但静压力却不能恢复，产生了永久压力降，此压力随面积比 A_0/A_1 的减小而增大。同时，孔口直径减小时，孔速提高，压差计读数 R 增大，因此设计孔板流量计时应选择适当的面积比（A_0/A_1）以达到 U 形压差计适宜的读数和允许的压力降。

2.2.3 文丘里流量计

孔板流量计的主要缺点是能量损失较大，为了减小能量损失，可采用文丘里流量计，即用一段渐缩、渐扩管代替孔板，如图 2-6 所示。当流体流过时，由于逐渐收缩和逐渐扩大，流速变化平缓，涡流较少，故能量损失比孔板流量计大大减少。

渐缩管和渐扩管的交界处直径最小，称为喉部，

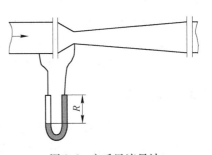

图 2-6 文丘里流量计

其截面积为 A_0，文丘里管收缩段锥角通常取 15°～25°。机械能损失主要发生在突然扩大处，为使流速改变平缓，扩大段锥角要取得小些，一般为 5°～7°。

文丘里流量计的测量原理与孔板流量计相同，也属于差压式流量计。

由于文丘里流量计的能量损失较小，其流量系数较孔板大，因此相同压差计读数 R 时流量比孔板大。文丘里流量计的缺点是加工较难、精度要求高，因而造价高，安装时需占去一定管长位置。

2.2.4　转子流量计

转子流量计的结构如图 2-7 所示。转子流量计是由一段上粗下细的锥形玻璃管和管内一个密度大于被测流体的固体转子所构成。流体自玻璃管底部流入，经过转子和管壁之间的环隙，再从顶部流出。管中无流体通过时，转子沉于管底部。当被测流体以一定的流量流经转子与管壁之间的环隙时，由于流道截面减小，流速增大，压力必随之降低，于是在转子上、下端面形成压差，转子借此压差被"浮起"。随转子的上浮，环隙面积逐渐增加，流速减小，转子两端的压差也逐渐减小。当转子上浮到某一高度时，转子两端面压差造成的升力恰好等于转子的重力，转子不再上升，并悬浮在该高度。

当流量增加时，环隙流速增大，转子两端的压差也增大，而转子的重力并未发生变化，则转子在原有位置的受力平衡被破坏，转子将上浮。随着转子的上浮，环隙面积逐渐增大，环隙内流速将减小，于是升力也随之减小。当转子上浮至某一定高度

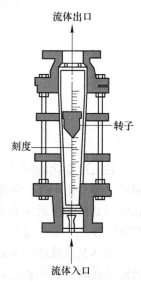

流体出口

转子

刻度

流体入口

图 2-7　转子流量计

时，转子所受升力又与重力相等，转子受力重新达到平衡，并停留在这一高度。由此可见，转子的平衡位置随流量而变化。转子流量计玻璃管外表面上刻有流量值，根据转子平衡时其上端平面所处的位置，即可读取相应的流量。

2.3　液体输送设备

液体输送是生产上最常遇到的操作之一。泵是输送液体并提高液体压力的机器，在国民经济的各个部门中得到广泛的应用，尤其是生产中，湿法冶金大部分物料都是液体状态，必须用泵来进料、出料，以实现工艺流程的要求。

由于湿法冶金生产中所输送液体的种类和性质不同，所需的泵的结构和材料也不一样，因此常选些特殊材质和特殊结构的泵来满足过程工业生产的要求。

2.3.1　离心泵

离心泵是冶金生产中典型的高速旋转叶轮式流体输送机械，它具有结构简单，操作简便，易于调节和控制，流量大而均匀等优点，约占冶金流体输送用泵的80%。

离心泵有单吸、双吸、单级、多级、卧式、立式及低速、高速之分。按输送介质可分

为水泵、耐腐蚀泵、油泵及杂质泵等。目前高速离心泵的转速已达到 24700r/min，单级扬程达 1700m。我国单级泵的流量为 $5.5\sim300m^3/h$。

2.3.1.1　离心泵的工作原理及主要构件

离心泵是依靠叶轮旋转时产生的离心力来输送液体的泵，如图 2-8 所示为简单离心泵的工作原理示意图。其工作原理可由两个过程说明。

（1）排液过程。启动离心泵以前，应首先向泵内灌满待输送液体，则泵启动后，叶轮带动液体高速旋转并产生离心力，将液体从叶片间甩出并在蜗壳体内汇集。由于壳体内流道渐大，流体的部分动能转化为静压能，则在泵的出口处，液体可获得较高的静压头而排液。

（2）吸液过程。离心泵在排液过程中，当液体自叶轮中心被甩向四周后，叶轮中心处（包括泵入口）形成低压区，此时由于外界作用于储槽液面的压强大于泵吸入口处的压强而使泵内外产生足够的压强差，从而保证了液体连续不断地吸入叶轮中心。

若泵内存在空气，由于空气的密度比液体的密度小得多，故产生的离心力不足以在叶轮中心处形成要求的低压区，导致不能吸液，这种现象称为气缚。消除方法是启动前必须向泵内灌满待输送液体，并保证离心泵的入口底阀不漏，同时防止吸入管路漏气。

离心泵的主体分为旋转部分和静止部分。旋转部分包括叶轮和泵轴；静止部分包括泵壳、轴封装置及轴承。

（1）叶轮：叶轮是离心泵重要的构件，通常由 4~12 片向后弯曲的叶片组成。叶轮有单吸式和双吸式之分，如图 2-9 所示。按其机械结构形式分为开式、半闭式和闭式，如图 2-10 所示。

开式：两侧均无盖板，制造简单，清洗方便，适宜于输送悬浮液及某些腐蚀性液体。由于其高压水回流较多，泵输送液体的效率较低。

半闭式：在吸入口一侧无盖板，另一侧有盖板，它也适用于输送悬浮液。

闭式：两侧都有盖板，这种叶轮效率较高，适用于输送洁净的液体。

叶轮安装在泵轴上，在电动机带动下快速旋转。液体从叶轮中央的入口进入叶轮后，随叶轮高速旋转而获得动能，同时由于液体沿叶轮径向运动，且叶片与泵壳间的流区不断扩大，液体的一部分动能转变为静压能。

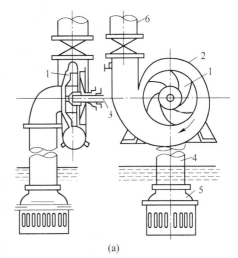

(a)

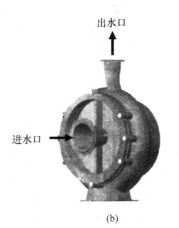

(b)

图 2-8　离心泵

（a）结构示意图；（b）设备图

1—叶轮；2—泵壳；3—泵轴；4—吸入管；

5—底阀；6—压出管

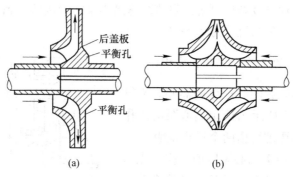

图 2-9　离心泵的吸液方式

（a）单吸式；（b）双吸式

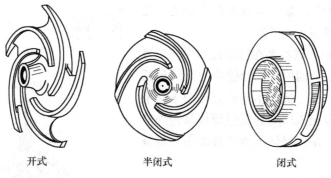

开式　　　　　　半闭式　　　　　　闭式

图 2-10　离心泵的叶轮

（2）泵壳。离心泵的外壳常做成蜗形壳，其内有一截面逐渐扩大的蜗形流道，如图 2-11 所示。由于流道的截面积逐渐增大，使由叶轮四周抛出的高速流体的速度逐渐降低，而其位置变化很小，因而使部分动能有效地转化为静压能。

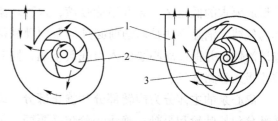

图 2-11　泵壳与导轮

1—泵壳；2—叶轮；3—导轮

有时还可以在叶轮和泵壳之间装设一固定不动的导轮。导轮的叶片间形成了多个逐渐转向的流道，可以减少由叶轮外缘抛出的液体与泵壳的碰撞，从而减少能量损失，使动能向静压能的转换更为有效。

2.3.1.2　离心泵的主要性能参数

离心泵的主要性能参数包括流量、扬程、有效功率和效率。

（1）流量。泵的流量又称为送液能力，指单位时间内泵所输送到输出管路系统中的液体体积。用符号 Q 表示，其单位为 m^3/s。

（2）扬程。泵的扬程又称为泵的压头，指单位质量流体流经泵所获得的能量，用符号 H 表示，单位为 m。扬程的大小取决于泵的结构（叶轮直径的大小，叶片弯曲程度等）、转速及流量，一般采用实验测定。

（3）有效功率和效率、轴功率。离心泵输送液体的过程中，由于泵内存在各种能量损失，泵轴转动所做的功并不能全部转换为液体的能量。

离心泵的有效功率 N_e，可表示为：

$$N_e = QH_e\rho g$$

或

$$N_e = \frac{QH_e\rho}{\dfrac{1000}{9.81}} = \frac{QH_e\rho}{102} \tag{2-10}$$

式中　N_e——离心泵的有效功率，W 或 kW；

　　　Q——泵的流量，m^3/s；

　　　H_e——泵的扬程，m；

　　　ρ——被输送液体的密度，kg/m^3。

由电机输入离心泵的功率称为轴功率，以 N 表示。有效功率与轴功率之比就是离心泵的效率：

$$\eta = \frac{N_e}{N} \tag{2-11}$$

显然，效率 η 反映了离心泵运转过程中能量损失的大小。泵内部的能量损失主要有三种：

1）容积损失，由泵的泄露造成。离心泵在运转过程中，一部分获得能量的高速液体从叶轮与泵壳间的缝隙流回吸入口，导致泵的流量减小。从泵排出的实际流量与理论排出流量之比称为容积效率 η_1。对于闭式叶轮，η_1 一般为 0.85~0.95。

2）水力损失，指液体流过叶轮、泵壳时，由于流速的大小和方向要改变，且发生冲击而造成的能量损失。水力损失的结果使泵的实际扬程低于理论扬程，二者之比即为水力效率 η_2。在离心泵的设计中，一般应保证其在额定的流量下水力损失最小，η_2 值一般为 0.8~0.9。

3）机械损失，主要来源于变速旋转的叶轮盘面与液体间的摩擦损失，以及轴承、轴密封装置等处的机械摩擦损失。泵的轴功率通常大于泵的理论功率（即理论扬程与理论流量所对应的功率），理论功率与轴功率之比称为机械功率 η_3，η_3 值约为 0.96~0.99。

离心泵的总效率（简称效率）等于上述三种效率的乘积，即：

$$\eta = \eta_1 \cdot \eta_2 \cdot \eta_3 \tag{2-12}$$

故离心泵的轴功率为：

$$N = \frac{N_e}{\eta} = \frac{QH_e g\rho}{\eta}$$

或

$$N = \frac{QH_e\rho}{102\eta} \tag{2-13}$$

根据泵的轴功率，可选用电机功率。但实际生产中为了避免电机烧毁，在选取电机功率时，要用求出的轴功率乘上一安全系数，常取安全系数见表 2-2。

表 2-2　泵的轴功率与安全系数

泵的轴功率/kW	0.5~3.75	3.75~37.5	>37.5
安全系数	1.2	1.15	1.1

（4）离心泵的安装高度

1）气蚀现象。从离心泵的工作原理可知，由离心泵的吸入管路到离心泵入口，并无外界对液体做功，液体是由于离心泵入口的静压低于外界压力而进入泵内的。即便离心泵叶轮入口处达到绝对真空，吸上液体的液柱高度也不会超过相当于当地大气压力的液柱高度。这里就存在一个离心泵的安装高度问题。

显然，当叶轮旋转时，液体在叶轮上流动的过程中，其速度和压力是变化的。通常在叶轮入口处最低，当此处压力等于或低于液体在该温度下的饱和蒸汽压时，液体将部分气化，生成大量的蒸气泡。含气泡的液体进入叶轮而流至高压区时，由于气泡周围的静压大于气泡内的蒸汽压力，而使气泡急剧凝结而破裂。气泡的消失产生了局部真空，使周围的液体以极高的速度涌向原气泡中心，产生很大的压力，造成对叶轮和泵壳的冲击，使其震动并发出噪音。尤其是当气泡在金属表面附近凝聚而破裂时，液体质点如同无数小弹头连续打击在金属表面上，在压力很大、频率很高的连续冲撞下，叶轮很快就被冲蚀成蜂窝状或海绵状，这种现象称作气蚀现象。

离心泵在气蚀条件下运转时，泵体振动并发出噪声，液体流量明显降低，同时扬程、效率也大幅度下降，严重时还会吸不上液体。为保证离心泵正常工作，应避免气蚀现象发生。这就要求叶轮入口处的绝对压力必须高于工作温度下液体的饱和蒸汽压，亦即要求泵的安装高度不能太高。

2）离心泵的安装高度。一般在离心泵的铭牌上都标注有允许吸上真空高度或气蚀余量，借此可确定泵的安装高度。

允许吸上真空高度 H_s 是指泵入口处压力 p_1 所允许达到的最大真空度，其表达式为：

$$H_s = \frac{p_a - p_1}{\rho g} \tag{2-14}$$

式中　H_s——离心泵的允许吸上真空高度，m（液柱）；

　　　p_a——当地大气压，Pa；

　　　ρ——被输送液体的密度，kg/m^3。

允许吸上真空高度由实验测定。由于实验不能直接测出叶轮入口处的最低压力位置，往往以测定泵入口处的压力为准。

设离心泵的允许安装高度为 H_g，离心泵吸液装置如图 2-12 所示。以储槽液面为基准面，在储槽液面 0-0 面与泵入口 1-1 截面之间列柏努利方程，则有：

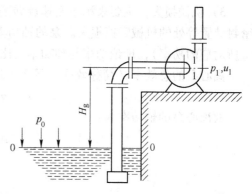

图 2-12　离心泵吸液示意图

$$H_g = \frac{p_0}{\rho g} - \frac{p_1}{\rho g} - \frac{u_1^2}{2g} - \sum H_f \tag{2-15}$$

式中　$\sum H_f$——液柱流经吸入管路时所损失的扬程，m。

将式（2-15）进行转换，得：

$$H_g = \frac{p_0 - p_a}{\rho g} + \frac{p_a - p_1}{\rho g} - \frac{u_1^2}{2g} - \sum H_f$$

将式（2-14）代入上式得：

$$H_g = \frac{p_0 - p_a}{\rho g} + H_s - \frac{u_1^2}{2g} - \sum H_f \tag{2-16}$$

若储槽是敞口的，则 p_0 等于大气压 p_a 时，式（2-16）可写成

$$H_g = H_s - \frac{u_1^2}{2g} - \sum H_f \tag{2-17}$$

式（2-16）和式（2-17）均可用于计算泵的允许安装高度。

由上式可知，为了提高泵的安装高度，应该尽量减小 $\frac{u_1^2}{2g}$ 和 $\sum H_f$。为了减小 $\frac{u_1^2}{2g}$，在同一流量下，应选用直径稍大的吸入管路。为了减小 $\sum H_f$，除了选用直径稍大的吸入管路外，吸入管应尽可能短，并且尽量减少弯头和不安装截止阀等。

由于每台泵的使用条件不同，吸入管路的布置情况也各不相同，相应地有不同的 $\frac{u_1^2}{2g}$ 和 $\sum H_f$ 值。因此，需根据吸入管路的具体布置情况，计算确定 H_g。

值得注意的是，泵的说明书中所给出的 H_s 是指大气压力为 10mH₂O（1mmH₂O = 9.80665Pa），水温为 20℃状态下的数值。当泵的使用条件与该状态不同时，则应把样本上所给出的 H_s 值换算成操作条件下的 H_s' 值，换算公式为：

$$H_s' = \left[H_s + (H_a - 10) - (H_v - 0.24) \right] \times \frac{998.2}{\rho} \tag{2-18}$$

式中　　　H_s'——操作条件下输送液体时的允许吸上真空高度；

　　　　　H_s——泵样本中给出的允许吸上真空度；

　　　　　H_a——泵工作处的大气压，mH₂O 柱，$H_a = \frac{p_a}{\rho_{H_2O} g}$；

　　　　　ρ——操作温度下被输送液体的密度，kg/m³；

　　　　　ρ_{H_2O}——实验温度（20℃）下水的密度，kg/m³，$\rho_{H_2O} = 998.2$ kg/m³。

10，0.24，998.2——分别为测定铭牌上标注的允许吸上真空高度时的大气压力、20℃下水的饱和蒸汽压（mH₂O）和水的密度（kg/m³）。

3）允许气蚀余量。允许吸上真空高度由于随输送液体性质、安装地区大气压和操作温度的不同而变化，使用时不太方便。因而又引入允许气蚀余量这一参数。允许气蚀余量 Δh 是指离心泵的入口处，液体的静压头 $\frac{p_1}{\rho g}$ 与动压头 $\frac{u_1^2}{2g}$ 之和超过输送液体在操作温度下的饱和蒸汽压的最小允许值，即：

$$\Delta h = \left(\frac{p_1}{\rho g} + \frac{u_1^2}{2g} \right) - \frac{p_v}{\rho g} \tag{2-19}$$

式中　　Δh ——气蚀余量，m；

$\qquad p_v$ ——操作温度下液体的饱和蒸汽压，Pa；

$\qquad p_1$ ——泵入口处允许的最低压力，Pa。

应当注意，泵性能表上的 Δh 值也是按输送 20℃ 水而规定的。当输送其他液体时，可按照下式加以校正：

$$\Delta h' = \phi \Delta h \tag{2-20}$$

式中，$\Delta h'$ 表示输送其他液体时的允许气蚀余量，m；ϕ 为校正系数，它与输送温度下液体的密度和饱和蒸汽压有关，其值小于 1。对于一些热力学性质难以确定的特殊体系，ϕ 值难以确定。因 $\phi < 1$，故 Δh 可以不加校正，即气蚀余量取得稍大些，等于外加一个安全系数。

由式（2-20）可知，只要已知允许吸上真空度 H_s 和允许气蚀余量 Δh 中任一参数，均可确定泵的允许安装高度。一般为保险起见，泵的实际安装高度应小于允许安装高度 H_g，通常比允许值小 0.5～1.0m。

离心泵的允许安装高度的计算和实际安装高度的确定是设计和使用离心泵的重要一环，有几点值得注意：（1）离心泵的允许吸上真空度 H_s 和允许气蚀余量 Δh 均与泵的流量有关，大流量下 H_s 较小而 Δh 较大，必须用最大额定流量值进行计算；（2）离心泵安装时，应注意选用较大的吸入管路，减小吸入管路的弯头等管件，以减少吸入管路的阻力损失；（3）当液体输送温度较高或液体沸点较低时，可能出现允许安装高度 H_s 为负值的情况，此时应将离心泵安装于储槽液面以下，使液体利用位差自动流入泵内。

2.3.1.3　离心泵的类型

离心泵种类很多，按输送液体的性质不同可分为清水泵、泥浆泵、耐腐蚀泵、油泵等；按泵的工作特点可分为低温泵、热水泵、液下泵等；按吸入方式的不同可分为单吸泵和双吸泵；按叶轮数目的不同可分为单级泵和多级泵。以下就冶金工厂常用的几种离心泵，如水泵、泥浆泵、耐腐蚀泵、液下泵等加以介绍。

A　清水泵

清水泵是应用最广泛的离心泵，在冶金生产中用来输送各种工业用水以及物理、化学性质类似于水的其他液体。

最普通的清水泵是单级单吸式，其系列代号为"IS"，结构如图 2-13 所示。泵体和泵盖都是用铸铁制成。全系列流量范围为 4.5～360m³/h，扬程范围为 8～98m。这类泵的结构特点是泵体和泵盖为后开门结构形式，优点是检修方便，不用拆卸泵体、管路和电机，只需拆下加长联轴器的中间连接件即可退出转子部件进行维修。如果输送液体的流量较大而所需的压头并不高时，则可采用双吸式离心泵。如果要求的压头较高而流量并不太大时，可采用多级泵。

B　耐腐蚀泵

输送酸、碱、浓氨水等腐蚀性液体时，必须用耐腐蚀泵。耐腐蚀泵中所有与腐蚀性液体接触的部件都要用耐腐蚀材料制造，其系列代号为"F"。F 型泵的另一个特点是密封要求高，既要防止空气从填料函漏入泵内，又不能让腐蚀性液体从填料函漏出过多。F 型泵的全系列扬程范围为 15～300m，流量范围为 2～400m³/h。但是，用玻璃、橡胶、陶瓷等

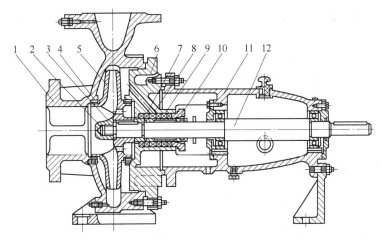

图 2-13 IS 型离心泵结构图

1—泵体；2—叶轮螺母；3—止动垫圈；4—密封环；5—叶轮；6—泵盖；7—轴套；8—填料环；
9—填料；10—填料压盖；11—悬架轴承部分；12—泵轴

材料制造的耐腐蚀泵，多为小型泵，不属于"F"系列。

C 油泵

输送石油产品的泵称为油泵。因为油品易燃易爆，因此要求油泵具有良好的密封性能。当输送 200℃ 以上的热油时，还需有冷却装置，一般在热油泵的轴封装置和轴承处均装有冷却水夹套，运转时通冷水冷却。油泵分单吸和双吸两种，系列号分别为"Y"和"YS"，全系列扬程范围为 32 ~ 2000m，流量范围为 2 ~ 600m^3/h，效率约为 50% 上下或更低。

D 液下泵

液下泵在湿法冶金生产中作为一种冶金过程泵或流程泵有着广泛的应用，通常安装在液体储槽内，对轴封要求不高，可用于输送湿法冶金过程中各种腐蚀性液体，既节省了空间又改善了操作环境。其缺点是效率不高。液下泵结构如图 2-14 所示，系列代号为"EY"。

E 杂质泵

输送悬浮液及黏稠的浆液等常用杂质泵。其系列代号为 P，又细分为污水泵 PW、砂泵 PS、泥浆泵 PN 等。对这类泵的要求是不易堵塞，容易拆卸，耐磨。它在构造上的特点是要求叶轮流道宽，叶片数目少，常采用半敞式或敞式叶轮。有些泵壳内衬以耐磨的铸钢护板。

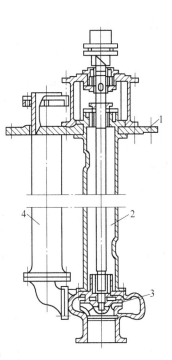

图 2-14 液下泵

1—安装平板；2—轴套管；
3—泵体；4—压出导管

2.3.1.4 离心泵的选用

选用离心泵的基本原则是以能满足液体输送的工艺要求为前提。选用时，需遵循技术合理、经济等原则，同时兼顾供给能量一方（泵）和需求能量一方（管路系统）的要求。原则上按下列步骤进行：

（1）确定输送系统的流量和压头。一般液体的输送量由生产任务决定。如果流量在一定范围内变化，应根据最大流量选泵，并根据情况计算最大流量下的管路所需的压头。

（2）选择离心泵的类型与型号。根据被输送液体的性质和操作条件，确定泵的类型，如清水泵、油泵等；再根据管路系统对泵提出的流量 q_v 和扬程 H_e 的要求，从泵的样本产品目录或系列特性曲线选出合适的型号。在确定泵的型号时，要考虑操作条件的变化而留出一定的裕量，即所选泵所能提供的流量 q_v 和压头 H 比管路要求值可稍大一点，并使泵在高效范围内工作。当遇到几种型号的泵同时在最佳工作范围内满足流量和压头的要求时，应该选择效率最高者，并参考泵的价格作综合权衡。选出泵的型号后，应列出泵的有关性能参数和转速。

（3）核算泵的轴功率。若输送液体的密度大于水的密度，则要核算泵的轴功率，以选择合适的电机。

2.3.2　往复泵

往复泵是活塞泵、柱塞泵和隔膜泵的总称，是应用较广泛的容积式泵，属正位移泵，它是利用活塞的往复运动，将能量传递给液体以达到吸入和排出液体的目的。往复泵输送流体的流量只与活塞的位移有关，而与管路情况无关，但往复泵的扬程只与管路情况有关。

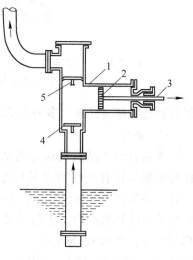

图 2-15　单动往复泵装置简图
1—泵缸；2—活塞；3—活塞杆；
4—吸入活门；5—排出活门

往复泵的结构如图 2-15 所示，其主要由泵缸、活塞、单向吸入阀、单向排出阀等组成。活塞杆通过曲柄连杆机构将电机的回转运动转换成直线往复运动。工作时，活塞在外力推动下做往复运动，由此改变泵缸的容积和压强，交替地打开吸入和排出阀门，达到输送液体的目的。活塞在泵缸内移动至左右两端的顶点叫"死点"，两死点之间的活塞行程称为冲程。

为了改善单动泵流量的不均匀性，又出现了双动泵，其构造如图 2-16 所示。它有四个单向活门，分布在泵缸的两侧。当活塞向右移动时，左上端的活门关闭，而左下端的活门开启，与此同时，右上端的活门开启，右下端的活门关闭，液体进入泵体内的左边，原存在于泵缸右边的液体则由右上端的活门排出。当活塞向左端移动时，泵体左边的液体将被排出，泵体右边将吸入液体。因此对于双动泵而言，当活塞往复一次（即双冲程）时，可吸入和排出液体各两次，故

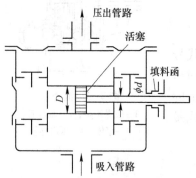

图 2-16　双动泵的工作原理示意图

其流量比较均匀。

实际生产中所采用的往复泵，由于所输送的液体性质不同或由于使用目的差异，其结构形式不尽一致。当用于输送易燃、易爆液体时，常采用蒸气传动的往复泵以求安全可靠。

往复泵与离心泵相比，结构较复杂、体积大、成本高、流量不连续。当输送压力较高的液体或高黏度液体时效率较高，一般在72%~93%之间。但不能输送有固体粒子的混悬液。往复泵在小流量、高扬程方面的优势远远超过离心泵。

当输送腐蚀性料液或悬浮液时，为了不使活塞受到损伤，多采用隔膜泵，即用一弹性薄膜将活塞和被输送液体隔开的往复泵。此弹性薄膜系用耐磨、耐腐蚀的橡皮或特殊金属制成。如图2-17所示，隔膜左边所有部分均用耐腐蚀材料制成或衬以耐腐蚀物质；隔膜右边则盛有水或油。当活塞作往复运动时，迫使隔膜交替地向两边弯曲，致使腐蚀性液体或悬浮液在隔膜左边轮流地被吸入和压出，而不与活塞相接触。这种泵技术要求复杂，易损坏，难维修。

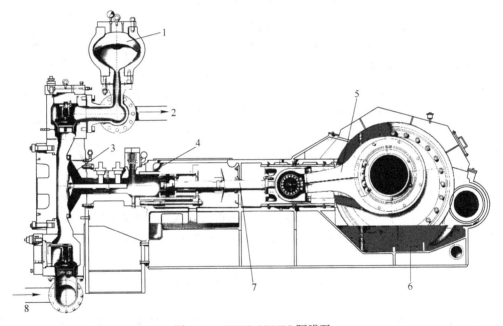

图2-17 GEHO PUMPS 隔膜泵

1—氮气缓冲；2—矿浆出口；3—隔膜；4—推进油；5—曲轴；6—润滑油；7—推进杠；8—矿浆入口

另一种高压油泵，如图2-18所示，当活塞向右移动时，排料活门紧闭，吸入活门开启，料浆便进入油箱下半部；当活塞向左运动时，进料活门闭死，出料活门开启，料浆排出。由于油箱上半部及活塞缸中充满矿物油，故活塞及缸体不会磨损，使用寿命大为增加。由于密度不同，油与泥浆既不相混也不互溶，故油的消耗极少。

2.3.3 旋转泵

旋转泵是借泵内转子的旋转作用而吸入和排出液体的，又称为转子泵。旋转泵的形式很多，工作原理大同小异，最常用的一种是齿轮泵。

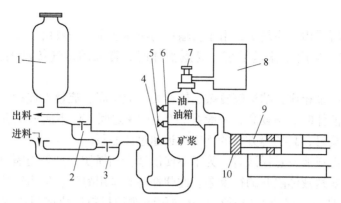

图 2-18　活塞式油压泥浆泵示意图

1—空气室；2—出料阀；3—进料阀；4—矿浆观察阀；5—液面观察阀；
6—油观察阀；7—供油阀；8—油箱；9—油缸；10—活塞

齿轮泵的结构如图 2-19 所示，它主要由椭圆形泵壳和两个齿轮组成。其中一个为主动齿轮，由传动机构带动，另一个为从动齿轮，与主动齿轮相啮合并随之作反方向旋转。当齿轮转动时，因两齿轮的齿相互分开而形成低压将液体吸入，并沿壳壁推送至排出腔。在排出腔内，两齿轮的齿互相合拢而形成高压将液体排出。如此连续进行，以完成液体输送任务。齿轮泵压头高而流量小，可用于输送黏稠流体及膏状物，但不能输送有固体颗粒的悬浮物。

目前，冶金工业生产中离心泵的使用最广。这是由于它不但结构简单紧凑，能与电动机直接相联，对地基要求

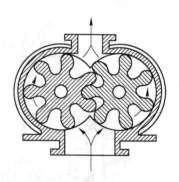

图 2-19　齿轮泵示意图

不高，而且还在于其流量均匀，易于调节，可用各种耐腐蚀的材料制造，能输送腐蚀性、有悬浮物的液体。其缺点是扬程一般不高，没有自吸能力，效率较低。

2.4　气体输送设备

从原则讲，气体输送设备与液体输送设备的结构和工作原理大体相同，其作用都是向流体做功，以提高流体的静压力，但由于气体的可压缩性比液体小得多，使气体输送设备具有与液体输送设备不同的特点，主要表现为：

（1）对于恒定的质量流量，由于气体密度相对较小，体积流量比较大，故气体输送机械的体积较大。

（2）由于流量大，气体管路设计流速比液体管路设计流速要大。在相同直径管路中输送相同质量流量的流体，气体阻力损失正比于流速的平方并大于液体阻力损失，要求提高压头。

（3）由于气体具有可压缩性，输送机械内部气体压力发生变化时，其体积与温度也会同时发生变化，这对气体输送机械的形状和结构有很大影响，使得气体输送机械结构更为复杂。

气体输送设备除按工作原理及设备结构分类外，还可按一般气体输送设备产生的进出口压力（终压）或压缩比来分类，见表2-3。

表 2-3 气体输送设备的分类

种 类	进出口压力（表压）/Pa	压缩比
通风机	≤15kPa	1~1.15
鼓风机	15~300kPa	<4
压缩机	>0.3MPa	>4
真空泵	常压	真空度决定

2.4.1 通风机

通风机的使用可以达到流通空气，产生压力较高的气体和产生负压等目的。通风机主要有离心式和轴流式两种类型。轴流式通风机由于其所产生的风压很小，一般只作通风换气用。冶炼厂应用最广的是离心式通风机。离心式通风机按其所产生的风压大小可分为以下三种：

低压离心通风机，风压≤$1×10^3$Pa（表压）；

中压离心通风机，风压$1×10^3$~$3×10^3$Pa（表压）；

高压离心通风机，风压$3×10^3$~$15×10^3$Pa（表压）。

2.4.1.1 离心通风机的结构及工作原理

离心通风机的基本结构和工作原理均与单级离心泵相似，如图 2-20 所示。它同样是在蜗形机体内靠叶轮的高速旋转所产生的离心力，使气体的压力增大而排出。与离心泵相比，其结构具有如下特点：

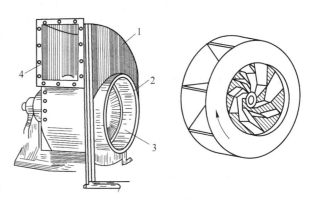

（1）叶轮直径大，叶片数目多且短。叶片有平直状、前弯状和后弯状三种。平直叶片一般用于低压通风机；使用前弯叶片的离心式通风机的送风量大，但效率低；高效离心式通风机通常采用后弯的叶片。

图 2-20 离心式通风机及叶轮
1—机壳；2—叶轮；3—吸入口；4—排出口

（2）蜗壳的气体流道一般为方形截面，既利于加工，也可直接与矩形管路连接，一般低压、中压通风机多采用此种形式。而高压通风机的气体流道通常采用圆形截面，故高压通风机的外形、结构与单级离心泵十分相似。

2.4.1.2 离心通风机的性能参数和特性曲线

离心通风机的性能参数主要有风量（流量）、风压（压头）、功率和效率。

与离心泵类似，离心通风机性能参数之间的关系也是用实验方法测定，并用特性曲线或性能数据表的形式表示。

（1）风量。单位时间内从风机出口排出的气体体积，并以风机进口处气体的状态计，以 Q 表示，单位为 m^3/h。标准状态（298K，$1.0133 \times 10^5 Pa$）下的风量，单位表示为 Nm^3/h 或 Nm^3/s。

（2）风压。单位体积的气体流过风机时所获得的能量，以 p_1 表示，单位为 Pa。

用下标 1、2 分别表示进口与出口的状态。在风机的吸入口与压出口之间，列柏努利方程式：

$$z_1 + \frac{u_1^2}{2g} + \frac{p_1}{\rho g} + H_e = z_2 + \frac{u_2^2}{2g} + \frac{p_2}{\rho g} + H_f \tag{2-21}$$

上式各项均乘以 ρg 并加以整理得：

$$\rho g H_e = \rho g (z_2 - z_1) + (p_2 - p_1) + \frac{\rho(u_2^2 - u_1^2)}{2} + \rho g H_f \tag{2-22}$$

对于气体，式中 ρ 及 $(z_2 - z_1)$ 值都比较小，故 $\rho g(z_2 - z_1)$ 可忽略；因进出口管段很短，$\rho g H_f$ 也可忽略不计。当空气直接由大气进入到通风机时，则 u_1 也可以忽略不计。故上述柏努利方程式可简化为：

$$p_t = \rho g H_e = (p_2 - p_1) + \frac{\rho u_2^2}{2} = p_{st} + p_k \tag{2-23}$$

式中　　p_{st}——静风压，Pa；

　　　　p_k——动风压，Pa。

离心通风机中气体的出口流速较大，故动风压不能忽略。因此离心通风机的风压应为静风压与动风压之和，又称为全风压或全压。通风机性能表上所列的风压是指全风压。

2.4.1.3　轴功率及功率

离心通风机的轴功率为：

$$N = \frac{p_t Q}{1000\eta} \tag{2-24}$$

式中　　N——轴功率，kW；

　　　　Q——风量，m^3/s；

　　　　p_t——全风压，Pa；

　　　　η——效率。

离心通风机的特性曲线如图 2-21 所示，由于通风机的风压有全风压和静风压之分，故其特性曲线与离心泵相比，多了一条 Q-p_{st} 曲线。

图 2-21 中的四条曲线表明在一定的转速下，风量 Q、静风压 p_{st}、轴功率 N 和效率 η 四者间的关系。由于通风机前后气体压力的变化较小，因而气体密度和温度可视为不变。因此，在计算通风机性能时，可与离心泵使用相同的公式。必须指出，通风机的特性曲线是由生产厂家在温度 20℃，空气压力 101.3kPa 条件下，用空气进行实验测定的，此条件下空气的密度为 1.2kg/m^3。计算功率时，Q、p_t、ρ 等必须为同一状态下的数值，且须注

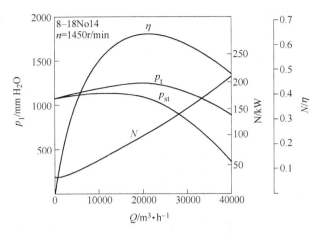

图 2-21 8-18No14 离心通风机的特性曲线

意输送气体的性质，用下述公式进行换算：

$$\frac{p'_t}{p_t} = \frac{\rho'}{\rho} , \frac{N'}{N} = \frac{\rho'}{\rho} \qquad (2-25)$$

式中 p_t，N，ρ——分别为实验条件下的全风压、轴功率及输送气体的密度，$\rho = 1.2\text{kg/m}^3$；

p'_t，N'，ρ'——分别为操作状态下的全风压、轴功率及气体密度。

2.4.1.4 离心通风机的选择

离心通风机的选用与离心泵相仿，主要步骤为：

（1）根据气体的种类（如清洁空气、易燃气体、腐蚀性气体、含尘气体、高温气体等）与风压范围，确定风机类型。

（2）将操作状态下的风压及风量等参数换算成标准实验状态下的风压和参数。

（3）根据所需风压和风量，从样本上查得适宜的设备型号及尺寸。

2.4.2 鼓风机

常用的鼓风机有离心式和旋转式两种。

2.4.2.1 离心式鼓风机

离心式鼓风机又称为涡轮鼓风机或透平鼓风机，其基本结构和操作原理与离心式通风机相似。它的特点是转速高、排气量大、结构简单。但单级风机由于只有一个叶轮，不可能产生较大的风压（一般<30kPa），故风压较高的离心式鼓风机一般是由几个叶轮串联组成的多级离心式鼓风机。

2.4.2.2 旋转式鼓风机

旋转式鼓风机种类较多，最典型的是罗茨鼓风机，工作原理与齿轮泵相似。罗茨鼓风机的结构如图 2-22 所示。机壳内有两个特殊形状的转子，常为腰形或三角形。两转子之间、转子与机壳之间缝隙小，转子可自由旋转而无过多气体泄漏。由于两转子旋转方向相反，可使气体从机壳一侧吸入另一侧排出。罗茨鼓风机的主要特点是风量与转速成正比，转速一定时，风压改变，风量可基本不变。此外，此风机转速高，无阀门，结构简单，质量轻，排气均匀，风量变动范围大，可在 $2\sim500\mathrm{m}^3/\mathrm{h}$ 范围内变动，但效率低，其容积效率一般为 $0.7\sim0.9$。

罗茨鼓风机的出口应安装稳压罐和安全阀，流量可用旁路调节，操作温度不宜超过85℃，以防转子受热膨胀而卡住。

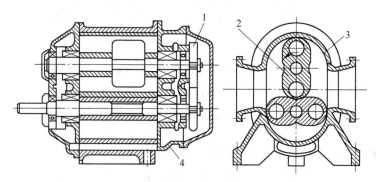

图 2-22　罗茨鼓风机结构示意图
1—同步齿轮；2—转子；3—气缸；4—盖板

2.4.3　压缩机

冶金生产中使用的压缩机主要有往复压缩机和离心压缩机两种。由于离心压缩机的基本结构与工作原理与离心鼓风机完全相同，故下面着重介绍往复压缩机。

2.4.3.1　往复压缩机的构造及工作原理

往复压缩机的构造和工作原理与往复泵相似。它主要由气缸、活塞、吸气阀和排气阀组成，如图2-23所示为立式单动双缸压缩机。机体内有两个并联的气缸，两个活塞连于同一曲轴上，吸气阀和排气阀都在气缸的上部。曲柄连杆机构推动活塞在气缸内作往复运动。由于气体可压缩，密度小，为移出由气体压缩而放出的热量，应在气缸壁上安散热翅片用以冷却缸内气体。

2.4.3.2　往复压缩机的生产能力

往复压缩机的生产能力是指压缩机在单位时间内排出的气体体积换算成吸入状态下的数值。

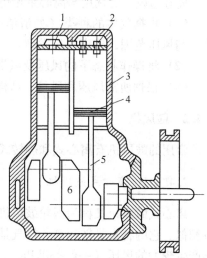

图 2-23　立式单动双缸压缩机示意图
1—排气阀；2—吸气阀；3—气缸体；
4—活塞；5—连杆；6—曲柄

若没有余隙，单动往复压缩机的理论吸气量为：

$$V' = \frac{\pi}{4}D^2Sn \qquad\qquad (2\text{-}26)$$

式中　　V' ——理论吸气体积，$\mathrm{m}^3/\mathrm{min}$；

  D——活塞直径，m；

  S——活塞的冲程，m；

  n——活塞每分钟的往复次数，min^{-1}。

由于有余隙，实际吸气体积为：

$$V = \lambda V' \tag{2-27}$$

式中 V——实际吸气体积，m^3/min。

2.4.3.3 多级压缩

  容积系数随压缩比的增大而减小，当压缩比达到某一极限时，容积系数为零，即当活塞往右运动时，残留在余隙内的气体膨胀后充满整个气缸，以致不能再吸入新的气体。

  实际上，在压缩机每压缩一次所允许的压缩比一般为 5~7。如果所要求的压缩比超过这个数值，应采用多级压缩。多级压缩的示意图如图 2-24 所示。气体在每级压缩之后进入中间冷却器进行冷却，以降低气体温度。

  采用多级压缩可降低压缩气体所消耗的功。现以两级压缩（图 2-24）为例进行分析。若压力为 p_1 的气体采用单级压缩至 p_2，则压缩过程如图 2-25 中多变过程 BB_1C' 所示，所消耗的理论功相当于图中 $BB_1C'DAB$ 所围成的面积。如改为两级压缩，中间压力为 p_x，尽管每一次也是进行多级压缩，但因两级之间在恒定压力下进行冷却，冷却过程依等压线 B_1E 进行，两级所消耗的总理论功相当于图上 BB_1ECDAB 所围成的面积。比较这两种压缩方案，显然，两级压缩比单级压缩所消耗的功要少。依此类推，当压缩比相同时，所用级数越多，则消耗的功越少。

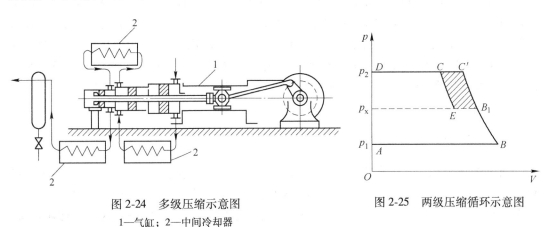

图 2-24 多级压缩示意图   图 2-25 两级压缩循环示意图
1—气缸；2—中间冷却器

2.4.3.4 往复压缩机的分类及选用

  往复压缩机的种类较多，按吸气阀和排气阀在活塞的一侧或两侧可分为单动和双动往复压缩机；按气体受级数可分为单级、双级和多级压缩机；按终压分为低压（$<1\times10^5Pa$）、中压（$(1\sim10)\times10^5Pa$）和高压（$(10\sim100)\times10^5Pa$）压缩机；按排气量可分为小型（$<10m^3/min$）、中型（$10\sim30m^3/min$）和大型（$>30m^3/min$）压缩机；按压缩机结构形式可分为立式、卧式和角式压缩机；按压缩气体种类可分为空气压缩机、氨气压缩机、氢气压缩机等。

选用压缩机的原则：

（1）根据输送气体的性质，确定压缩机种类；

（2）根据生产任务及厂房情况，选定压缩机结构形式；

（3）根据所需排气量和排气压力，从压缩机样本中选择合适的型号。

2.4.4　机械真空泵

从设备或系统中抽气，使其绝对压力低于外界大气压的机械称为真空泵。真空泵实质上也是气体压缩机械，只是它入口压力低，出口为常压。真空泵的类型很多，按其真空度可分为以下几种：

低真空，压强（绝对压强）为 $10^5 \sim 10^2 Pa$。如湿式真空泵、机械真空泵、喷射式真空泵等。

中真空，压强（绝对压强）为 $10^2 \sim 0.1 Pa$。如机械真空泵、多级喷射式真空泵等。

高真空，压强（绝对压强）为 $0.1 \sim 10^{-5} Pa$。如扩散泵—机械真空泵系统。

超高真空，压强（绝对压强）小于 $10^{-5} Pa$。如吸附泵—扩散泵—机械真空泵组成的多级系统。

下面简单介绍常用的几种。

2.4.4.1　往复式真空泵

往复式真空泵的基本结构和操作原理与往复压缩机相同，只是真空泵在低压下操作，气缸内、外压差很小，所用阀门必须更加轻巧，启闭方便。另外，当所需达到的真空度较高时，如95%的真空度，则压缩比约为20。这样高的压缩比，余隙中残余气体对真空泵的抽气速率影响必然很大。为了减小余隙影响，在真空泵气缸两端之间设置一条平稳气道，在活塞排气终了时，使平稳气道短时间连通，余隙中残余气体从一侧流向另一侧，以降低残余气体的压力，减小余隙影响。

2.4.4.2　水环真空泵

如图 2-26 所示，水环真空泵的外壳为圆形，壳内有一偏心安装的转子，转子上有叶片。泵内装有一定量的水，当转子旋转时形成水环，故称为水环真空泵。由于转子偏心安装而使叶片之间形成许多大小不等的小室。在转子的右半部，这些密封的小室体积扩大，气体便通过右边的进气口被吸入。当旋转到左半部时，小室的体积逐渐缩小，气体便由左边的排气口被压出。水环真空泵最高可达85%的真空。这种泵的结构简单、紧凑，没有阀门，经久耐用。但为了维持泵内液封以及冷却泵体，运转时需不断向泵内充水。水环真空泵也可作为鼓风机使用。

2.4.4.3　喷射真空泵

喷射真空泵是利用液体流动时静压能转换为动能而产生真空来抽送流体。它既能抽送液体，也可用于抽送气体。喷射真空泵的结构如图 2-27 所示。工作蒸汽以高速从喷嘴喷出，在喷射过程中，蒸汽静压能转变为动能，产生低压，而将气体吸入。吸入的气体与蒸汽混合进入扩散管，使部分动压能转变为静压能，从压出口排出。

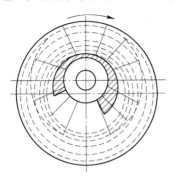

图 2-26　水循环真空泵示意图

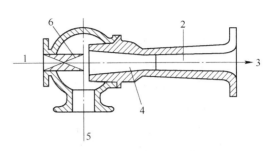

图 2-27　单级蒸汽喷射泵
1—工作蒸汽；2—扩散管；3—压出口；
4—混合室；5—气体吸入口；6—喷嘴

 思 考 题

2-1　某液体在一管路中稳定流过，若将管子直径减小一半，而流量不变，则液体的流速为原流速的多少倍？

2-2　有一内径为 25mm 的水管，如管中水的流速为 1.0m/s，求：（1）管中水的流动类型；（2）管中水保持层流状态的最大流速（水的密度 $\rho = 1000 kg/m^3$，黏度 $\mu = 1cp$）。

2-3　工业生产中，常用的流量测量设备有哪些？

2-4　往复式压缩机的工作过程可分为几个阶段，其工作原理如何？

2-5　液环泵是液体输送设备还是气体输送设备，其工作原理如何？

2-6　简述通风机的工作原理与特点。

2-7　简述鼓风机的工作原理与特点。

3 湿法混合反应器

湿法混合反应器包括湿法搅拌混合反应器和管道反应器两类。

湿法搅拌混合操作的主要过程是把液体盛装在一个容器内，利用浸没于液体中的旋转叶轮（搅拌器）或其他方式搅动流体，实现两种或多种物料间的均匀混合，加速传热和传质过程。完成这一混合操作过程的装置称为湿法搅拌混合反应器。

湿法搅拌混合反应器又可分为两大类：一类是机械搅拌混合反应设备，即利用叶轮（搅拌器）旋转搅动液体实现搅拌混合；另一类是利用流体流动搅动物料搅拌混合操作，这种设备称之为流体搅拌混合设备，空气流是常用的搅动流体。因此，一般称气流搅拌混合设备。

3.1 机械搅拌反应器

在湿法冶炼生产过程中，通过搅拌达到的目的是多样的，一般可分为以下几种：

(1) 使两种或多种互溶或不互溶的液体，按生产工艺要求混合均匀，以制备均匀混合液、强化传质过程或提高反应速率等。

(2) 使固体颗粒在液体中均匀悬浮，以加速固体的溶解、强化固体的浸出、促进液固相间的反应和浆化等。

(3) 使气体在液体中充分分散，增加接触表面以促进传质或化学反应。

(4) 通过搅拌，促进液体与罐体附设换热部件之间的换热，以按生产工艺要求转换热量。

在实践中，要实现反应器内液体瞬间混合均匀是不可能的，只能采取工艺措施尽可能地缩短混合均匀时间。用各种方式加强液体搅拌是达到此目的的唯一途径。如湿法炼锌浸出锌焙砂过程中，为了提高浸出率，最重要的一个途径就是搅拌。在湿法冶炼置换沉淀过程中，为了增加置换固体与溶液的接触面积，提高反应速率，控制过程中搅拌速率是一个非常重要的因素。总而言之，搅拌是冶金工作者极为重视的研究领域。搅拌与混合在冶金行业中有广泛的应用。

3.1.1 混合与搅拌的基础

3.1.1.1 概述

工业生产过程中，一些快速反应对混合、传质、传热都有较高的要求，搅拌与混合的好坏往往成为过程的控制因素。衡量反应器内液体搅拌混合程度的一个极重要、最直观的参数称为混合均匀时间（τ_m），简称混合时间，它对液体成分和温度均匀、提高反应速度、金属液中夹杂物的排除等有重要影响。不同类型的反应器采用的搅拌方式不同，混合时间也不同。

虽然搅拌与混合是一种很常规的单元操作，但由于其流动过程的复杂性，理论方面的研究还很不够，对搅拌装置的设计和操作至今仍具有很大的经验性。冶金中反应器主要应用的搅拌方式有气体搅拌和机械搅拌。

3.1.1.2 混合机理

两种物料加入搅拌槽后，其混合机理为主体对流扩散、涡流扩散和分子扩散。

（1）主体对流扩散。搅拌器高速旋转，使不同的液体物料被破碎成团块，并使搅拌器周围的液体产生高速液流，高速液体又推动周围的液体，逐步使搅拌罐内的全部液体流动起来。这种大范围内的主循环流动，使搅拌罐内整个空间产生全范围的扩散，形成主对流扩散。

（2）涡流扩散。叶轮推动高速流体在流动时，与周围静止液体的界面处，存在较大的速度梯度，液体受到强烈的剪切，形成大量的漩涡，漩涡又迅速向周围扩散，造成局部范围内的物料对流运动从而形成液体的涡流扩散。

（3）分子扩散。由分子运动形成的物质传递，它是分子尺度上的扩散。

通常把主体对流扩散和涡流扩散称为宏观混合，分子扩散称为微观混合。在实际混合过程中，主体对流扩散只能把不同物料破碎分裂成碎块，形成较大"团块"混合。而通过这些"团块"界面之间的涡流扩散，把不均匀的程度迅速降低到漩涡本身的大小，但这种最小的漩涡液比分子大得多。因此，宏观混合不能达到分子水平上的完全混合，完全均匀混合只有通过分子扩散才能达到。但是宏观混合大大增加了分子扩散表面积，减少了扩散距离，因此提高了微观混合（分子扩散）的速度。

宏观混合与微观混合总是同时存在，但其相对的作用取决于设备条件、操作条件和料液的物理化学性质。在低黏度的湍流（$Re>10^4$）搅拌中，宏观混合是主要的；在高黏度的层流区（$Re<10$）搅拌中，微观混合是主要的；在过渡区两者均很重要。

对于互不相溶的物料或液固系统间的混合不存在分子扩散过程，只能达到宏观的均匀，不可能实现微观的均匀程度。

3.1.2 机械搅拌设备

3.1.2.1 立式机械搅拌反应器

立式机械搅拌罐是有色金属湿法冶炼生产中应用最广泛的搅拌罐类型。这种设备可在常压下操作，也可在加压的情况下操作。这种中小型搅拌罐在国内已标准化，而且进行系列生产。

立式机械搅拌罐的结构如图 3-1 和表 3-1 所示。它包括罐体、搅拌器、搅拌轴、搅拌附件、轴封及传动装置等部分。在湿法冶金生产中，习惯上称为机械搅拌混合反应器为反应槽、反应罐、反应釜等，按生产过程亦称之为浸出槽、净化槽、还原槽、氧化槽、中和槽、水解槽、置换槽等，本书统称为机

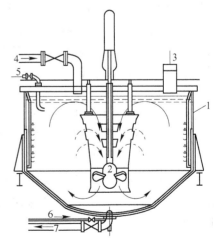

图 3-1 机械搅拌设备的结构

1—槽体；2—搅拌叶轮；3—进料管；4—进液管；
5—蒸汽管；6—压缩空气管；7—排料管

械搅拌反应器。机械搅拌反应器的分类方法多种多样，常见的分类方法有：按安装方式可分为立式和卧式两类；按罐体结构及材料可分为碳钢、不锈钢、碳钢衬橡胶、碳钢衬搪瓷、碳钢衬塑料、碳钢衬环氧玻璃钢、碳钢衬铸石、碳钢衬瓷砖（块）、碳钢衬不透性石墨、碳钢衬不锈钢及碳钢衬钛等；按操作压力可分为常压与加压两类。

工业上应用最广泛的立式机械搅拌罐的特征有如下几点：（1）搅拌罐顶盖的上方装设有传动装置，而且搅拌轴的中心线和罐体中心线是重合的；（2）在搅拌轴上可装设一层、两层或更多层搅拌器；（3）在罐体上可根据需要装设换热部件和搅拌附件等。

表 3-1　机械搅拌反应槽的基本组成

组成部分	作　用	类　型
容器	提供反应空间	密封或敞开圆筒形，上部为平板或球形封头，下部为椭圆形或锥形封头
换热器	吸热或放热	在容器内部或外部设置换热器
搅拌器	混合反应器内各种物料	由搅拌轴和叶轮组成，转动由电动机减速箱减到搅拌器所需转速后，再通过联轴节带动
轴封装置	防止槽内介质泄漏	机械密封和填料密封
其他结构	操作及控制	各种接管、人孔、手孔及槽体支座等

罐体的结构：罐体是盛装被搅拌物料的容器。常用的罐体是立式圆筒形容器，包括有顶盖、圆筒和罐底，并通过支座安装在平台或基础上。为了满足不同湿法生产工艺的要求，或搅拌设备自身结构的需要，一般在罐体上装有各种用途的部件。例如，连接底座、进出料液管、检测部件和换热部件等。罐体的结构如图3-2所示。

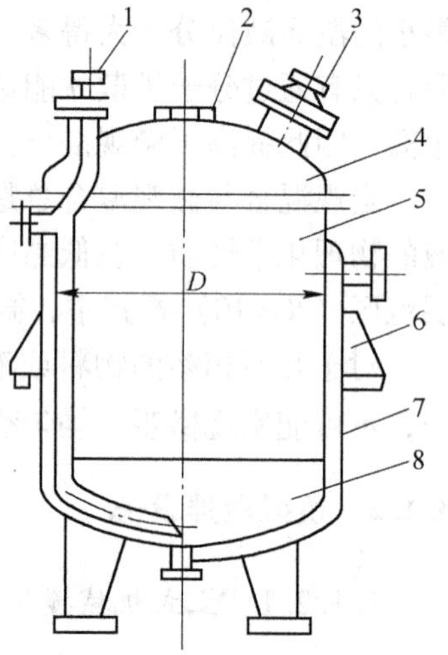

罐体的部件种类繁多，根据搅拌设备的特点，本节着重介绍其中常用部件的结构类型。当进行罐体设计时，凡是与一般压力容器相同的零部件，均应按照有关标准规范和压力容器设计参考资料进行设计。例如，圆筒、封头（顶盖或罐底）的强度设计；安全泄放装置、支座、开孔补强、管法兰和设备法兰的设计等等。

在湿法冶炼生产中，许多溶液具有强烈的腐蚀作用，会使罐体内壁上产生严重的腐蚀。为了防止溶液腐蚀，常在罐体内壁上衬贴耐腐蚀的金属或非金属材料。

图 3-2　罐体的结构

1—压出管；2—连接底座；
3—人孔；4—顶盖；5—圆筒；
6—支座；7—夹套；8—罐底

A　罐体的盛装物料系数

罐体的盛装物料系数是搅拌设备的主要参数之一。该系数是指罐体的有效容积（即操作时盛装物料容积）与罐体的几何容积（全容积）之比，即：

$$K_c = \frac{V}{V_j} \tag{3-1}$$

式中　K_c——盛装物料系数；

V——罐体的有效容积，m^3；

V_j——罐体的几何容积，m^3。

搅拌设备中盛装物料系数 K_c 一般根据实际生产条件或试验结果确定，通常可取 $0.6 \sim 0.85$。如果物料在搅拌过程中要起泡沫或呈沸腾状态，应取低值；如果物料在搅拌过程中平稳，可取高值。当硫化镍电解阳极泥在搅拌罐内加热熔硫和沸腾炉烟灰在搅拌内浆化时，建议 K_c 分别取 0.65 和 0.75 左右。

B 罐体的高径比

罐体的圆筒高度与内径（见图 3-3）之比，称为罐体的高径比，即：

$$K_g = \frac{H_t}{D} \qquad (3-2)$$

式中 K_g——罐体高径比；

H_t——圆筒高度，m；

D——罐体内径，m。

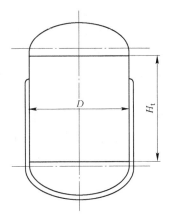

图 3-3 罐体的圆筒高度
H_t 和内径

选择罐体的高径比 K_g 应考虑下面几个主要因素：

（1）罐体高径比 K_g 对搅拌器功率的大小有较大影响。一定结构的搅拌器的直径同罐体内径是有一定比例关系的。随着罐体高径比 K_g 减小，即高度 H_t 减小而内径 D 增大，搅拌器的直径也相应增大。在固定的搅拌转速下，搅拌器功率与搅拌器直径的 5 次成正比。所以，随着罐体内径的增加，搅拌器功率增加很多，这对需要较大功率的搅拌过程是适宜的，否则高径比 K_g 可考虑大些。

（2）罐体高径比 K_g 对夹套传热效果也有较大的影响。在容积一定时，高径比 K_g 越大则罐体接触料液部分的表面积越大，夹套的传热面积越大，传热表面距离罐体中心越近，料液的温度梯度越小，这对提高夹套的传热效果是有利的。因此，单从夹套传热角度来考虑，一般高径比 K_g 要取大些。

（3）某些物料的搅拌过程要求有较大的高径比 K_g，例如发酵罐之类，为了使通入罐体内的空气与发酵液有充分的接触时间，需要有足够的液面高度，就希望高径比 K_g 取大些。

具体高径比 K_g 数值可参照表 3-2 选择。

表 3-2 几种搅拌罐高径比 K_g 的推荐值

种 类	罐体内物料类型	K_g
一般搅拌罐	液固相或液液相物料	$1 \sim 1.3$
	气液相物料	$1 \sim 2$
发酵罐类		$1.70 \sim 2.50$

C 顶盖、罐底和连接底座

a 顶盖

立式搅拌罐罐体的顶盖在常压下或受压下操作时，常分别选用平盖和椭圆形盖。在椭圆形盖上安装搅拌装置时，通常由顶盖承担搅拌器的操作载荷。当搅拌器的操作载荷对顶盖的稳定性影响不大时，顶盖的厚度可不另外加强，否则可适当增大顶盖的厚度。当搅拌器操作载荷（如弯曲力、轴向力和机械震动力等）较大或罐体的刚性较差时，都应在罐体之外，另设承载框架。

b　罐底

搅拌设备的罐底一般有三种形式：平底、椭圆和锥形底。平底罐仅适用于常压状态下操作。

c　连接底座

连接底座焊接在罐体顶盖上，用以连接减速器支架和轴封装置的部件。连接底座有整体式和分装式之分。常用连接底座的结构如图3-4所示。各种连接底座的特点如下：（1）连接底座与封头顶盖接触处做成平面，加工方便，结构简单，在连接底座外周焊一圆环并与顶盖焊成一体；（2）适用于衬里设备，衬里设备也可使用图3-4（a）所示的连接底座，如图3-4（b）那样用衬里层包裹；图3-4（c）适用于碳素钢或不锈钢制的设备；图3-4（d）分装式连接底座，即轴封连接底座与减速器支架连接底座是分开的，适用于两连接底座直径相差很大的设备。

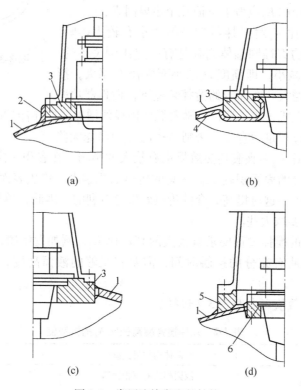

图3-4　常用连接底座的结构

（a）带圆环底座；（b）衬里底座；（c）整体式底座；（d）分装式底座
1—罐体的顶盖；2—圆环；3—连接底座；4—衬里层；5—支架连接底座；6—轴封连接底座

为了保证既与减速器牢固地连接，又使穿过轴封装置的搅拌轴顺利地转，要求轴封装置与减速器安装时要有一定的同轴度，这时常采用整体式连接底座。如果减速器连接底座与轴封连接底座的直径相差很大时，做成一体不经济，则采用分装式连接底座。

连接底座的材料应根据搅拌罐体内料液的腐蚀情况来进行选择。

D 进出料液管和检测部件

搅拌设备要进行生产操作，必须有进出的料液管。为了观察搅拌设备的料液搅拌和反应状况，必须安装视镜。有的搅拌设备直径较大，内部又要经常地检查或进行人工清理，还必须安装人孔。另外，搅拌设备上应备有检测仪表的管口，如温度计口、压力表口等。

a 进料液管

搅拌设备的进料液管一般都是从顶盖引入，进料液管的结构如图3-5所示。这种进料液管下端的开口截成45°，并朝向搅拌器中央，可减少料液飞溅到罐体内壁上。根据需要可按图3-5选取进料液管的结构。

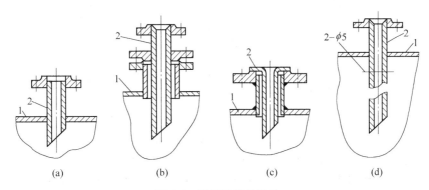

图 3-5 进料液管的结构
（a）短管式；（b）法兰活套式；（c）翻边式；（d）长管式
1—顶盖；2—进料液管

图3-5（a）：比较简单，可用于允许有少量飞溅和冲击的场合；图3-5（b）：进料液管能够抽出，用于易腐蚀、易堵塞的料液，清洗和检修都比较方便；图3-5（c）：结构简单，施工安装方便；图3-5（d）：进料液管下端浸没在料液中，可减少进料冲击液面而产生气泡，有利于稳定液面，气液吸收效果好，管子上部的小孔是为了防止虹吸现象而设的。

b 出料液管

搅拌设备有压出料液管和下出料液管等出料方式。压出料液管适用于搅拌罐上出料，结构如图3-6所示。采用压出料液管出料时，在搅拌设备内充压缩空气或惰性气体，靠着气体的压力作用使罐体内料液自出液管底部管口压出，输送到下道工序的设备中去。为了减少搅拌时引起出液管的晃动，在罐体内要用固定管卡（见图3-6（d））或活动管卡（见图3-6（c）），将压出料液管固定。当罐体的顶盖与圆筒焊在一起时，压出料液管可采用图3-6（a）所示的结构，罐体内使用活动管卡。为了检修压出料液管，在罐体内使用固定管卡，当罐体的顶盖采用可拆连接时，压出料液管的结构如图3-6（b）所示。为将罐体内的料液全部压出，压出料液管的下端管口应安装在罐体的最低处，为加大压出料液管的入口截面，下管口可截成45°~60°。

搅拌设备的下出料液管和一般容器一样，应设置在罐体的最低处。当罐体外面焊接有不可拆卸的整体夹套时，下出料液管的结构如图3-7所示。

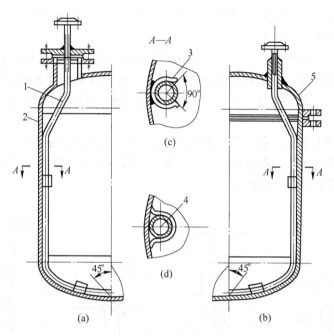

图 3-6　压出料液管的结构

（a）与罐体可拆压出料管结构；（b）与罐体焊接压出料管结构；（c）活动管卡结构；（d）固定管卡结构

1—压出料液管；2—焊接罐体；3—活动管卡；4—固定管卡；5—可拆罐体

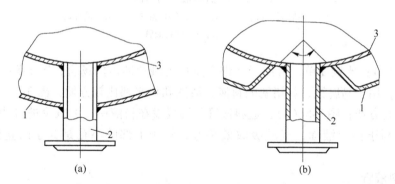

图 3-7　下出料液管的结构

（a）与罐体、夹套焊接的下出料液管；（b）与罐体焊接的下出料管

1—夹套壁；2—下出料管；3—罐体

图 3-7（a）型是下出料管与罐体、夹套同时焊在一起，它适用于罐体温度与夹套壁温度大致相等的场合。图 3-7（b）是在下出料液口处的夹套作成一凹陷部分。下出料液管不与夹套壁相焊，而是焊在罐体上，使得焊缝易于检查。当罐体外面有可拆的整体夹套时，下出料液管与夹套的间隙，须采用密封装置来密封，其密封形式可选用填料式结构，如图 3-8 所示。为了能够装卸夹套，下出料液管的法兰盘应选用可拆连接，图 3-8（a）为活套法兰连接，图 3-8（b）为螺纹连接。

　　c　温度计套管

搅拌设备内料液的温度主要利用放在套管中的长温度计或热电偶来进行测量。温度计

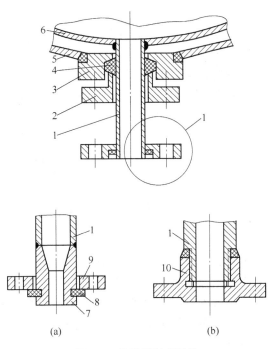

图 3-8　密封填料式结构

（a）活套法兰连接；（b）螺纹连接

1—下出料管；2—压盖；3—填料箱；4—填料；5—夹套壁；6—罐体；7—短节；

8—半长块；9—活套法兰；10—螺纹法兰

套管的结构如图 3-9 所示。这类套管是用金属材料制作的，常用材料有碳素钢、不锈钢和镍基合金等。当搅拌黏度很高的料液时，温度计套管受到很大的弯曲力矩，为防止管子弯曲或折断，套管的上部壁要厚一些，或者采用多层套管。多层套管除最里层外，其余各层套管都要钻平衡孔，使套管夹层中的气体与大气相连通。为了建立良好的传热条件，可在套管内注入一些机油或其他高沸点液体，然后把温度计或热电偶插入套管。

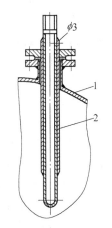

图 3-9　温度计套管结构

1—罐体；2—套管

　　d　保温视镜

　　设备在高温操作时，由于罐体内外温度差较大，容易在视镜镜片的内表面上结露而妨碍视线，此时可采用如图 3-10 所示保温视镜的结构。这种结构安装两块镜片，使中间隔层中的空气被周围的蒸汽间接加热，减少每块镜片的内、外温度差，从而防止在镜片上结露。如果在操作视镜容易挂泡沫或物料而影响观察时，可装设冲洗管。

3.1.2.2　立式机械搅拌反应器的应用

　　搅拌设备在金属冶炼生产中的应用范围很广，尤其是在湿法冶炼的各工序中，如配

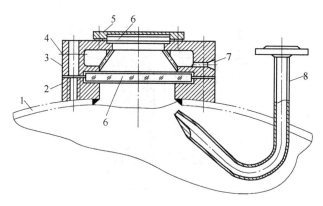

图 3-10　保温视镜的结构

1—罐体；2—底座；3—带隔层压盖；4—蒸汽入口；5—压盖；6—镜片；7—冷凝液出口；8—冲洗管

料、浆化、浸出、结晶、溶解、还原、分解和萃取等，为了加强冶炼过程，都或多或少地应用搅拌设备。其中立式常压机械搅拌罐占搅拌设备的绝大多数。一座大型的年产 100kt 电解锌的锌冶炼厂，主流程中就配有搅拌设备 80 多台。1978 年北京有色冶金设计研究总院对全国有色系统冶炼厂的搅拌设备作了调查和功率测试，结果表明许多湿法冶炼车间的功率 50% 以上是消耗在搅拌作业上。

在湿法冶炼过程中，常常用精矿或焙砂做原料进行生产。在处理这些物料时，虽然配料、浆化和浸出等过程都要求颗粒物料在液体中处于悬浮状态，但所使用的搅拌设备则随着工艺过程特点不同而有所不同。配料工序和为颗粒物料输送的浆化工序，都须将颗粒物料制备成矿浆，通常是在常压立式搅拌罐中进行。由于要求颗粒物料在液体中处于悬浮状态，而使罐体和搅拌器经常受到磨损，因此往往采用耐磨衬里的罐体和包橡胶的叶轮。在从颗粒物料中将可溶金属提取出来的浸出工序中，采用的搅拌设备较多，除机械搅拌设备外，还有空气搅拌设备，而机械搅拌设备有立式、卧式，常压操作的或加压操作的。由于该过程搅拌的目的是强化固体的浸出，因此使用的搅拌设备除了耐磨损外，还应具有较强的耐腐蚀能力。锌焙砂浸出大型搅拌罐的罐体多采用混凝土捣制外壳，内衬防腐材料如环氧玻璃钢、耐酸瓷砖（或板）等。近年来，在镍钴湿法冶炼过程中，为提高可溶金属的浸出率，采用了耐温、耐压的单室立式（或多室卧式）机械搅拌设备。为了强化铝土矿浸出，采用了高压立式搅拌反应器，操作温度达 265℃。

在有色金属电解生产中，为了制取高纯产品，需对电解前的溶液进行净化，即除去溶液中的杂质（有害元素），如镍电解生产中的溶液需除去铁、铜和钴等，锌电解前的溶液需除去铜、镉和钴等。净化过程中经常使用的搅拌设备有机械的和空气的，多为立式常压操作，在重有色金属生产中，搅拌设备中与腐蚀溶液接触的紧固件，多采用耐蚀的金属材料制作，如不锈钢、钛合金及镍基铬钼合金等材料。

在氢还原法生产镍粉过程中，镍的晶粒是在循环中逐渐长成颗粒的，纯镍的颗粒密度较精矿大，因此须采用大搅拌强度的机械搅拌设备。

在氧化铝的生产中搅拌设备有机械搅拌和空气搅拌两种，搅拌设备的罐体内径达 8~14m，总高度达 31m，有效容积达 1000~4500m³，机械搅拌有推进式和挂链式。若采用空气搅拌则要有一个提供稳定压力和流量的空气压缩机。目前，由于空气压缩机站的维修费用高、能耗大，因此氧化铝厂正在大力研究用新型机械搅拌装置来替代空气搅拌设备。近年在生产中加大罐内料液的循环量，人们采用了五层叶轮搅拌罐。

在氧化锂生产中，苛化碱性浸出法的浸出搅拌设备结垢是相当严重的，经常迫使停车清理，因而该类搅拌设备都设有消除和避免产生结垢的措施。有色金属冶炼生产使用的部分搅拌设备的技术性能见表3-3。

表3-3 有色金属冶炼生产使用的部分搅拌设备的技术性能

序号	规格/mm	容积/m³	操作条件	搅拌方式	传动方式与轴封	罐体和换热形式	使用地点和用途
1	$\phi3000\times2650$	15.5 (11.6)	$t=90℃$	机械搅拌，推进式桨叶，$d_j=0.7m$，$n=200r/min$	三角带轮减速，电动机 14kW，1430r/min	立式，锥形底	葫芦岛锌厂
2	$\phi600\times1850$		$P_g=3MPa$，固体颗粒：小于200目（0.074mm）的大于60%，$t=160℃$	机械搅拌，开启涡轮式折叶桨，$d_j=0.2m$，$n_y=4$，$\theta=45°$，$\delta=0.01m$，$b=0.03m$，材料为TA3，$n=613r/min$	三角带轮减速，电动机；2.2kW，950r/min，机械密封	卧式，三个搅拌室，外壳16MnR 内衬8mmTA3，夹套式换热	用于北京矿冶研究总院试验厂浸出实验
3	$\phi3000\times12890$	85 (60)	矿浆：浓度20%，NH_3 90kg/m³、CO_2 60kg/m³，$t=50\sim60℃$，$p_g=0.15\sim0.2MPa$	机械搅拌，开启涡轮式折叶桨，$d_j=0.9m$，$n_y=6$，$\theta=45°$，$\delta=0.016m$，$b=0.12m$，材料为不锈钢，$n=168r/min$	三角带轮减速，电动机；30kW、730r/min，轴封为双端面非平衡型机械密封	卧式，四个搅拌室，钢板外壳，内衬环氧玻璃钢（底）/耐酸瓷板（面）	用于镍、钴提纯浸出过程
4	$\phi3000\times3000$		$t=105℃$，pH=5~7	机械搅拌，开启涡轮式折叶桨，$d_j=0.9m$，$n_y=6$，$\theta=45°$，$\delta=0.018m$，$b=0.115m$，材料为1Cr18Ni9Ti，$n=168r/min$	三角带轮减速，电动机22kW、730r/min，轴封为石棉盘根填料密封	立式，平底，1Cr18Ni9Ti制的罐体，蛇管式换热	用于镍钴提纯溶解部分的一次溶解
5	$\phi1600\times6000$	13.3 (9.3)	$P_g<0.1MPa$，$t=90℃$	机械搅拌，开启涡轮式折叶桨，$d_j=0.65m$，$n_y=6$，$\theta=45°$，$\delta=0.012m$，$b=0.095m$，材料为TA3，$n=250r/min$	齿轮减速器，电动机 22kW、1470r/min，轴封为单端面外装式（四氟波纹管）机械密封	卧式，四个搅拌室，外壳Q235-C，内衬环氧玻璃钢（底）	金川冶炼厂炼钴车间，用于钴冰铜的物料预浸

序号	规格 /mm	容积 /m³	操作条件	搅拌方式	传动方式与轴封	罐体和换热形式	使用地点和用途
6	φ2000× 1200	23 (13.7)	钴冰铜酸浸溶液，$p_g = 1.5$MPa，$t = 140$℃	机械搅拌，开启涡轮式折叶桨，$d_j = 0.75$m，$n_y = 6$，$\theta = 45°$，$\delta = 0.020$m，$b = 0.105$m，材料为镍基合金，$n = 215$r/min	三角带轮减速，电动机 30kW、730r/min，轴封为机械密封		
7	φ1600× 6000		矿浆：浓度20%、$NH_3 \approx 40$kg/m³，固体粒度：小于200目（0.074mm）占70%~80%	机械搅拌，开启涡轮式折叶桨，$d_j = 1.00$m，$n_y = 6$，$\theta = 45°$，$\delta = 0.020$m，$b = 0.125$m，材料为1Cr18Ni9Ti，$n = 270$r/min	三角带轮减速，电动机 40kW、730r/min，轴封为石棉盘根的填料密封		金川冶炼厂二钴车间，用于钴冰铜物料的浸出
8	φ1600× 6000		固液比为1:4，固体颗粒：全部小于200目（0.074mm），含少量氨	机械搅拌，开启涡轮式折叶桨，$d_j = 0.6$m，$n_y = 6$，$\theta = 45°$，$\delta = 0.016$m，$b = 0.075$m，材料为1Cr18Ni9Ti，$n = 270$r/min	三角带轮减速，电动机 15kW、1000r/min		用于镍钴提纯预浸过程
9	φ1600× 6000	(100)	溶液 pH = 5.2~5.4，$t = 42$~50℃	机械搅拌，推进式桨叶，$d_j = 0.6$m，$n_y = 6$，$\theta = 45°$，$\delta = 0.016$m，$b = 0.075$m，材料为 1Cr18Ni9Ti，$n = 270$r/min	齿轮减速器，电动机 22kW、960r/min	立式，锥底，混凝土外壳，内衬环氧酚醛玻璃钢	株洲冶炼厂，用于除钴作业
10	φ1600× 6000	12 (8)	镍粉粒度：小于200目（0.074mm），占60%，$p_g \leqslant 3.5$MPa，$t \leqslant 200$℃	机械搅拌，开启涡轮式折叶桨，$d_j = 0.7$m，$n_y = 6$，$\theta = 45°$，$\delta = 0.014$m，$b = 0.100$m，材料为1Cr18Ni9Ti，$n = 270$r/min	电动机；40kW、735r/min，轴封为双端面平衡型机械密封	卧式，四套搅拌装置，不锈钢制的罐体，其壁厚为40mm	用于镍钴提纯氢还原过程

3.1.2.3　其他机械搅拌反应器

在湿法冶炼生产中，绝大多数情况下是采用立式机械搅拌设备来进行物料搅拌的，但是在某些场合下选用其他类型的搅拌设备是必要的。因此，简单地介绍几种其他常用搅拌设备，例如，卧式机械搅拌罐、挂链式搅拌罐、五层叶轮搅拌罐等。

A 卧式机械搅拌反应器

搅拌器安装在卧式罐体（容器）上的搅拌装置，称为卧式搅拌罐。它可用于搅拌气液非均相系的物料。采用卧式搅拌罐可降低设备的安装高度，提高搅拌设备的抗震性，改善悬浮条件等。近些年来，在镍钴提取中，常采用连续作业的多室卧式搅拌罐。如图 3-11 所示的为四室卧式搅拌罐的结构。

多室卧式机械搅拌罐的各搅拌室用竖隔板分开，通常为 3~5 室。每个搅拌室都配有一套搅拌装置。矿浆从卧式搅拌罐一端泵入，依次从上一搅拌室溢流进入下一搅拌室，直至从搅拌罐的另一端排出。为了减少短路和返混，各搅拌室内隔板高度沿矿浆流动方向逐渐降低。为保证气体能从矿浆中分离出来和减少安全阀、管口堵塞的可能性，在罐体的上部必须有足够的自由空间，一般料液平均充填率为 65%（静态），其中第一搅拌室（矿浆泵入端）平均充填率需保持 83%（静态）。每个搅拌室的长度一般等于罐的内径。

B 挂链式搅拌反应器

挂链式搅拌罐结构比较简单，在氧化铝生产中它得到了广泛应用。它的搅拌器主要由桨叶、链条、耙子等组成。如图 3-12 所示为挂链式搅拌罐的结构。

挂链式搅拌罐的尺寸差别较大，搅拌器转速为 5.2~16.5r/min。挂链式搅拌罐的类型和规格见表 3-4。

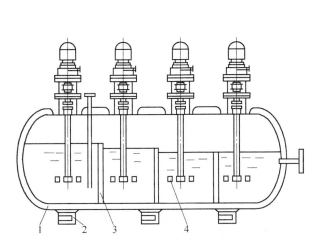

图 3-11 四室卧式机械搅拌罐的结构
1—罐体；2—支座；3—隔板；4—搅拌器

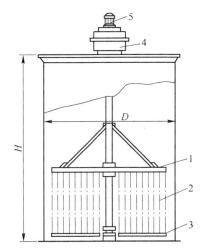

图 3-12 挂链式搅拌罐的结构
1—桨叶；2—链条；3—耙子；
4—减速器；5—电动机

表 3-4 挂链式搅拌罐的类型和规格

序 号	规格 $D \times H$/m	有效容积/m³	搅拌器转速/r·min⁻¹	电动机功率/kW
1	2×2	5.5	15.5	2.6
2	2×3	8.5	15.5	2.6
3	3×3	19	15.5	4.2
4	3×4	25	16.5	5.5

序　号	规格 $D×H$/m	有效容积/m^3	搅拌器转速/$r \cdot min^{-1}$	电动机功率/kW
5	4×4	45	12.8	6.6
6	4×6	63	12.8	6.6
7	5×5	88	13	13
8	6×6	154	11	17
9	6×9	229	11	17
10	7.5×6	239	8.3	17
11	8×8	360	7.5	17
12	9×9	513	7.1	22
13	10×10	706.5	6.3	30
14	12×12	121.5	5.2	30
15	8×12	520	7	28

C　五层叶轮搅拌反应器

五层叶轮搅拌罐的结构如图 3-13 所示。搅拌部件是由四层 HPM 螺旋桨式叶轮和一层 TPM 涡轮式叶轮组成。该搅拌罐在氧化铝生产中得到应用，其特点如下：

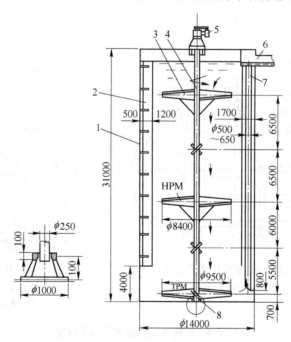

图 3-13　五层叶轮搅拌罐的结构

1—罐体；2—挡板；3—搅拌部件；4—立轴；5—传动装置；6—液溜槽；7—液溜管；8—底轴承

（1）在铝酸钠分解过程中能保持固体颗粒处于悬浮状态，并分布均匀，使固液之间有充分接触机会，对溶液的分解有利。

（2）料液在罐体内的循环量大，可达 76000m^3/h，在罐内循环次数约 17 次/h。

（3）为保证氢氧化铝晶粒的附聚和长大，同时避免氢氧化铝晶粒破损，采用了较低的叶端线速度，设计为 2.84m/s。

（4）为操持罐底少积料，靠近底部的叶轮选用了 TPM 涡轮式叶片，以便向上提料液，并加强底部的搅动。

（5）罐内上四层的叶轮采用了 HPM 螺旋桨式，为轴向流叶片，可节省能量。

五层叶轮搅拌罐的主要技术性能：罐体的内径为 14m，总高度 31m，有效高度 29.3m，总容积 4770m³，有效容积 4500m³。搅拌系统由电动机、三角皮带、减速器和搅拌器组成。电动机型号为 Y225M-4W，额定功率 45kW，转速 1480r/min；减速器低速轴承用于油润滑，皮碗密封；搅拌叶轮的转速为 6.45r/min，总排料量 76000m³/h，搅拌功率 33.3kW，第 1~4 层桨型为 HPM-8400-2D，螺旋式叶轮直径 8400mm，带 2 个可拆卸叶片，第 5 层桨型为 TPM-950-4G，涡轮式叶轮直径 9500mm，带 4 个可拆卸叶片。

挡板和立轴结构：挡板作用是变径向流为轴向流，消除旋涡，挡板宽度为 1200mm，挡板与罐壁距离为 500mm，挡板为 2 块，其中一块与溢流管合一，若罐内设有冷却水管，与挡板也可合一使用。立轴长约 30m，空心管结构，空心管规格为 $\phi 580 \times 16$ 管结。为方便安装将立轴分三段，由法兰连接而成，下部带 $\phi 250$mm 十字轴头。立轴下部轴头放在罐底的底轴承当中，如图 3-13 中的放大图所示，是为了防止轴摆动。底轴承高度约为 100mm，内衬铸铁套，间隙为 20mm。

锥形支架：为支持搅拌系统全部质量和搅拌器操作载荷，在罐顶大梁与减速器之间设置锥形支架。在罐顶上还设有一块 2000mm×2000mm 的固定架，在拆卸减速器时，用以临时支撑搅拌装置。

该五层叶轮搅拌罐在铝酸钠分解条件下的保证指标：罐内任意两点固体含量差不大于罐内平均固体含量的 3%；在最高固含量的情况下，停电半小时可以再启动。

3.1.3 机械搅拌器

机械搅拌是通过浸入到液体中旋转的搅拌器（桨）来实现液体的循环流动、混合均匀、加快反应速度以及提高反应效率。

在化学工业中，机械搅拌对槽式（釜）反应器至为重要。在湿法冶金中，机械搅拌是广为应用且效果很好的方法。例如，拜耳法生产氧化铝中的关键工序——晶种分解，就是在不断搅拌的反应槽中进行的，机械搅拌是常用的方法。湿法冶金中的机械搅拌与化工中没有大的区别。

机械搅拌的分类常以搅拌器（桨）的类型来划分，不同黏度范围的液体选用不同的桨型。

3.1.3.1 搅拌器的工作原理

搅拌器的工作原理是通过搅拌器的旋转推动液体流动，从而把机械能传给液体，使液体产生一定的液流状态和液流流型，同时也决定着搅拌强度。

搅拌器旋转时，自桨叶排出一股液流，这股液流又吸引夹带着周围的液体，使罐体内的全部液体产生循环流动，这属于宏观运动。离开桨叶具有足够大速度的液流，与周围液体接触时，形成许多微小的漩涡，造成微观扰动。液流的这种宏观运动和微观扰动的共同作用结果促使整个液体搅动，从而达到搅拌操作的目的。液流运动速度快，扰动强烈，造成明显的湍动，就会获得良好的搅拌效果。

3.1.3.2   机械搅拌器的分类

按流体形式可分为：轴向流搅拌器、径向流搅拌器和混合流搅拌器。

按搅拌器叶面结构可分为：平叶、折叶及螺旋面叶。其中具有平叶和折叶结构的搅拌器有桨式、涡轮式、框式和锚式等，推进式、螺杆式和螺带式的桨叶为螺旋面叶。

按搅拌用途可分为：低黏度流体用搅拌器和高黏度流体用搅拌器。其中低黏度流体用搅拌器主要有：推进式、长薄叶螺旋桨、桨式、开启涡轮式、圆盘涡轮式、布鲁马金式、板框式、三叶后弯式、MIG 和改进 MIG 等。高黏度流体用搅拌器主要有：锚式、框式、锯齿圆盘式、螺旋桨式，螺带式（单螺带、双螺带）和螺旋—螺带式等。

桨式、推进式、涡轮式和锚式搅拌器在搅拌反应设备中应用最为广泛，据统计占搅拌器总数的 75% ~ 80%。

常用搅拌器的形状与名称如图 3-14 所示。

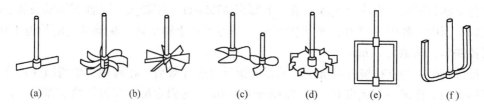

图 3-14   常用的搅拌器的形状与名称

（a）桨式；（b）开启涡轮式；（c）推进式；（d）圆盘涡轮式；（e）框式；（f）锚式

（1）桨式搅拌器：图 3-15 为桨式搅拌器示意图。

特点：结构最简单，叶片用扁钢制成，焊接或用螺栓固定在轮毂上，叶片数是 2 片、3 片或 4 片，叶片形式可分为直叶式和折叶式两种。桨式搅拌器的转速一般为 20 ~ 100r/min，最高黏度为 20Pa·s。

应用：液—液系中用于防止分离、使罐的温度均一，固-液系中多用于防止固体沉降；主要用于流体的循环，也用于高黏度流体搅拌，促进流体的上下交换，代替价格高的螺带式叶轮，能获得良好的效果。不能用于以保持气体和以细微化为目的的气-液分散操作中。

（2）推进式搅拌器：图 3-16 为推进式搅拌器示意图。

特点：标准推进式搅拌器有三瓣叶片，其螺距与桨直径 d 相等。它直径较小，$d/D = 1/4 ~ 1/3$，D 为槽直径，叶端速度一般为 7 ~ 10m/s，最高达 15m/s。搅拌时流体由桨叶上方吸入，下方以圆筒状螺旋形排出，流体至容器底再沿壁面返至桨叶上方，形成轴向流动。流体的湍流程度不高，循环量大，结构简单，制造方便。容器内装挡板、搅拌轴偏心安装、搅拌器倾斜，可防止漩涡形成。

应用：黏度低、流量大的场合，用较小的搅拌功率。能获得较好的搅拌效果。主要用于液-液系混合、使温度均匀，在低浓度固-液系中防止淤泥沉降等。

（3）涡轮式搅拌器：图 3-17 为涡轮式搅拌器示意图。

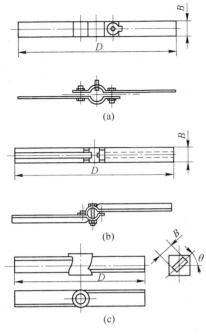

图 3-15 桨式搅拌器示意图

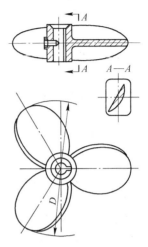

图 3-16 推进式搅拌器示意图

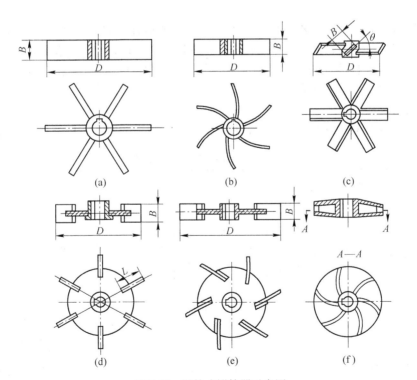

图 3-17 涡轮式搅拌器示意图

（a）开启直叶涡轮式；（b）开启弯叶涡轮式；（c）开启折叶涡轮式；
（d）圆盘平直叶涡轮式；（e）圆盘弯叶涡轮式；（f）闭式弯叶涡轮式

特点：涡轮式搅拌器又称透平式叶轮，是应用较广的一种搅拌器，能有效地完成几乎所有的搅拌操作，并能处理黏度范围很广的流体。

应用：涡轮式搅拌器有较大的剪切力，可使流体微团分散得很细，适用于低黏度到中等黏度流体的混合、液-液分散、液-固悬浮以及促进良好的传热、传质和化学反应。

（4）锚式和框式搅拌器：图 3-18 为锚式和框式搅拌器示意图。

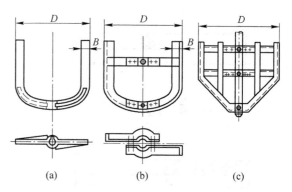

图 3-18　为锚式和框式搅拌器示意图

特点：结构简单。适用于黏度在100Pa·s以下的流体搅拌，当流体黏度在 $10\sim100$Pa·s时，可在锚式浆中间加一横桨叶，即为框式搅拌器，以增加容器中部的混合。易得到大的表面传热系数，可以减少"挂壁"的产生。

应用：锚式或框式桨叶的混合效果并不理想，只适用于对混合要求不太高的场合。由于锚式搅拌器在容器壁附近流速比其他搅拌器大，能得到大的表面传热系数，故常用于传热、晶析操作。也常用于高浓度淤浆和沉降性淤浆的搅拌。

3.1.3.3　机械搅拌器的选用

在选用搅拌器时，除了要求它能达到工艺要求的搅拌效果外，还应保证所需功率小，制造和维修容易，费用较低。目前多根据实践选用，也有通过小型实验来确定。

（1）根据被搅拌液体的黏度大小选用。由于液体的黏度对搅拌状态有很大影响，所以根据搅拌介质黏度大小来选型是一种基本方法。随着黏度的增高，使用顺序为推进式、涡轮式、桨式以及锚式等。

（2）根据搅拌器形式的适用条件选用。表 3-5 是搅拌器形式适用条件表，该表使用条

表 3-5　搅拌器形式适用条件

搅拌器形式	流动状态			搅拌目的									容积范围/m³	转速范围/r·min⁻¹	最高黏度/Pa·s
	对流循环	湍流循环	剪切流	低黏度液混合	高黏度液混合传热反应	分散	固体溶解	固体悬浮	气体吸收	结晶	换热	液相反应			
涡轮式	○	○	○	○	○	○	○	○	○	○	○	○	$1\sim100$	$10\sim300$	50
桨式	○	○	—	○	○	○	—	○	○	—	○	○	$1\sim200$	$10\sim300$	2
折叶开启涡轮式	○	○	—	○	—	○	○	○	—	—	○	○	$1\sim1000$	$10\sim300$	50
推进式	○	○	—	○	—	○	○	○	—	—	—	—	$1\sim1000$	$100\sim500$	50
锚式	○	—	—	○	○	—	—	—	—	—	○	—	$1\sim100$	$1\sim100$	100

注：本表中—表示不适或不详，○为适合。

件比较具体，不仅有搅拌目的，还有推荐介质黏度范围、搅拌器转速范围和槽体容积范围等。现对其中几个主要过程作如下说明：

1）低黏度混合过程。它是搅拌过程中难度最小的一种，当容积很大且要求混合时间很短时，采用循环能力较强且消耗动力少的推进式搅拌器为适宜。桨式搅拌器在小容量液体混合过程中被广泛应用。

2）分散过程。它要求搅拌器能造成一定大小的液滴和较高的循环能力。涡轮式搅拌器因具有高剪切力和较大循环能力而适用。平直叶涡轮的剪切作用比折叶和后弯叶的剪切作用大，所以更加适合。分散操作都有挡板来加强剪切效果。

3）固体悬浮过程。它要求较大的液体循环流量，以保持固体颗粒的运动速度，使颗粒不致沉降下去。开启涡轮式搅拌器适用于固体悬浮，其中后弯叶开启式涡轮搅拌器液体流量大，桨叶不易磨损，更为合适。桨式搅拌器适用于固体粒度小、固液密度差小、固相浓度较高、沉降速度低的固体悬浮。

4）固体溶解过程。它要求搅拌器有剪切流和循环能力，所以涡轮式是合适的。推进式的循环能力大，但剪切流小，适用于小容量的溶解过程。桨式的必须借助于挡板提高循环能力，适用于容易悬浮起来的溶解操作。

5）结晶过程。结晶过程的搅拌是很困难的，在特别要求严格控制晶体大小的时候，通常小直径的快速搅拌，如涡轮式的，适用于微粒结晶；而大直径的慢速搅拌，如桨式的，可用于大晶体的结晶。在结晶操作中要求有较大的传热作用，而又避免过大的剪切作用时，可考虑用推进式搅拌器。

6）换热过程。换热过程往往是与其他过程共同存在的，如果换热不是主要过程，则搅拌能满足其他过程的要求即可。如果换热是主要过程，则要满足较大的循环流量，同时还要求液体在换热表面上有较高的流动速度，以降低液膜阻力和不断更新换热表面。换热量小时可以在槽体内部设夹套，用桨式搅拌器，加上挡板，换热量还可以大些。当要求传热量很大时，槽体内部应该设置蛇管，这时采用推进式的或涡轮式搅拌器更好，内部蛇管还可起到挡板的作用。

3.1.3.4 搅拌附件

搅拌附件常指搅拌罐内为了改善液体流动状态而增设的附件，如挡板、导流筒等。在某些场合下这些附件是不可缺少的。在选择搅拌附件时，要和搅拌器选型综合考虑，以达到预期的搅拌效果。

有时搅拌罐内的某些部件，如传热蛇管、温度计套管等，虽然不是专为改变流动状态而设的，但是因为它对液体流动有一定的阻力，也会起到这方面的部分作用。

A 挡板

挡板一般是指长条形的竖向固定在罐内壁上的板，主要是为了改善罐体内液体流动状态，消除打漩现象而设的。有竖挡板和横挡板两种，常用竖挡板，如图 3-19 所示。

当液体黏度不大，罐体内无挡板时，搅拌器置于平底圆形罐中心线上进行搅拌，会使罐内液体自由表面的中央下陷，四周隆起形成漏斗状的漩涡，这种情况称为打漩现象。这时的流体型态，如图 3-20 所示。在中心处漩涡的深度随叶轮转速的加快而加深，直到叶轮露出为止。此时吸入大量空气，使搅拌轴振动。在搅拌设备内一旦产生了打漩现象，搅拌效果就降低。

　　为了避免打漩现象的产生，可偏离罐体中心放置叶轮或在罐体内壁加设挡板。在有挡板的罐体内，由于挡板的作用，旋转流被转换为轴向流，如图 3-21 所示，因而增大了罐体内的液体循环流。

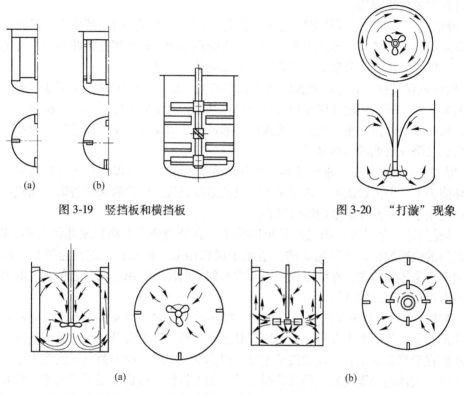

(a)　　　　　(b)

图 3-19　竖挡板和横挡板　　　　　图 3-20　"打漩"现象

(a)　　　　　　　　　　(b)

图 3-21　在有挡板罐内，叶轮在中心位置时流体流型

（a）推进式叶轮；（b）涡轮式叶轮

B　导流筒

　　导流筒是一个包围着搅拌器的圆筒，如图 3-22 所示。它可使搅拌器桨叶排出的液体

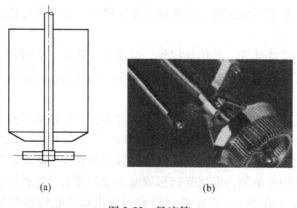

(a)　　　　　　　　　(b)

图 3-22　导流筒

在导流筒的内部或外部（导流筒罐体的环隙内）形成循环流动。导流筒主要用于推进式搅拌器，有时涡轮式搅拌器也用。

根据推进式搅拌器的旋向和转向，可使液体有不同的循环方向。较多的循环流向是导流筒内的液体向下，外面环隙内的液体向上。在涡轮式所用导流筒的内侧，设有与搅拌器桨叶同等数目或更多的折叶片，折叶角度随操作的目的而异，例如，在气液相操作中，折叶使气液相在导流筒内向下流动，在固液相操作中，折叶使固液相在导流筒内向上流动。

3.1.4 搅拌混合反应器的传热装置

搅拌混合反应器的传热装置有各种形式，在槽内装设加热蛇管，既可加热又可冷却。但装在槽内的加热蛇管，对于含有固体颗粒物料容易在其上堆积和挂料，不但影响传热效果，而且增加搅拌液体的阻力。所以常用夹套加热或冷却。夹套与器身的间距视容器公称直径 D_g 的大小而异，一般取 $50\sim200$，见表 3-6。表中 D_p 为夹套直径，平套上端应高于反应槽里的液面高度为 $50\sim100mm$ 之间，以保证传热良好。

表 3-6 夹套与器身的间距

D_g/mm	$500\sim600$	$700\sim1800$	$2000\sim3000$
D_p/mm	D_g+50	D_g+100	D_g+200

夹套设有加热、冷却介质的进出口。如果是加热，由于加热介质常用蒸汽，进口管应靠近夹套上端，冷凝水底部排出。如果冷却介质是液体，则进口管应安在底部，使液体从底部进入，上部流出。有时对于较大型的反应器，为了得到较好的传热效果，在夹套空间装设螺旋导流板，以提高介质的流动速度和避免短路。

常用传热介质及其适用温度见表 3-7。

表 3-7 常用传热介质

加热介质	适用温度/℃	冷却介质	适用温度/℃
水蒸气	$120\sim250$	冷却水	$\cong300$
热水	$60\sim120$	致冷水	$5\sim10$
热煤油（液相）	$150\sim300$	不冻液	$-20\sim0$
热煤油（蒸气相）	$300\sim350$	氟利昂、液氨	$-50\sim-20$
感应加热	$150\sim400$		
熔融金属	400 以上		
火焰	500 以上		

反应器的外套形式因通过夹套内的传热介质为液相或蒸汽而异。表 3-8 为常用外夹套形式。通过冷却水或热煤油时，为增大外夹套的传热系数，在外套内设螺旋形挡板，增大圆周方向的流速；以蒸汽或热煤油蒸气而加热时，采用一般的外套形式；使用高压蒸汽加热时，用半割管圈外套形式，以减少反应器本体的板厚。

槽内部的传热装置形式多种多样，图 3-23 为其示例。在槽内设置传热管时，要考虑不妨碍搅拌混合，反应生成物不易附着等问题。对需要大量热交换的反应器，仅在槽内设置传热装置不够，还可在槽外设置热交换器。

表 3-8　工业反应器所用传热外套的类型

类型	一般性外套	有搅拌喷嘴的外套	有涡旋挡板的外套	半割管外套	有内部涡旋挡板的外套
外套的构造	外套 槽外壁	外套 槽外壁	外套 涡旋挡板 槽外壁	外套 槽外壁	内部外套 涡旋挡板 槽外壁
特点	一般性外套，适用于低压蒸气	把冷却水变换为同向流，传热系数 $h = 6200 \sim 10500\,kJ/(m^2 \cdot h \cdot ℃)$	增大同方向流速可得大 h_t，$h_t = 8400 \sim 16800\,kJ/(m^2 \cdot h \cdot ℃)$	高压蒸汽用外套，可减小本体的板厚	本体的板厚大时，可减小传热面的板厚

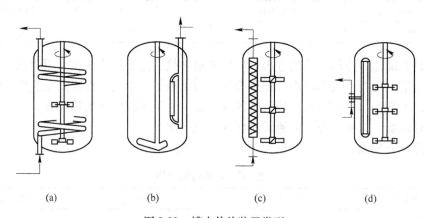

图 3-23　槽内传热装置类型

（a）蛇管管圈；（b）D 型挡板；（c）板圈；（d）发夹型列管

3.1.5　传动装置

　　搅拌反应釜的传动装置通常设置在反应釜的顶盖（上封头）上，一般采取立式布置。电动机经减速机将转速减至工艺要求的搅拌转速，再通过联轴器带动搅拌轴旋转，从而带动搅拌器转动。电动机与减速机配套使用。减速机下设置一个机座，安装在反应釜的封头上。考虑到传动装置与轴封装置安装时要求保持一定的同心度以及装卸检修的方便，常在封头上焊一底座。整个传动装置连同机座及轴封装置都一起安装在底座上。如图 3-24 所示为搅拌反应釜传动装置的一种典型布置形式。所以，搅拌反应釜传动装置一般包括：电动机、减速机和联轴器、机座和底座等。

　　搅拌反应釜用的电动机绝大部分与减速机配套使用，只有在搅拌转速很高时，才有电动机不经减速机而直接驱动搅拌轴。因此，电动机的选用一般与减速机的选用互相配合考虑。

搅拌反应釜传动装置的机座上端与减速机装配，下端与底座相连。一般来讲，机座上还需要有容纳联轴器、轴封装置等部件及其安装所需要的空间。有时，机座中间还要安装中间轴承，以改善搅拌轴的支撑条件。选用时，首先考虑上述要求，然后根据所选减速机的输出轴轴径及安装定位面的尺寸选配合适的机座。

底座焊接在釜体的上封头上，如图 3-25 所示。减速机的机座和轴封装置的定位安装面均在底座上，这样可使两者在安装时有一定的同心度，保证搅拌轴既可与减速机顺利连接，又可使搅拌轴穿过轴封装置，进而能够良好运转。

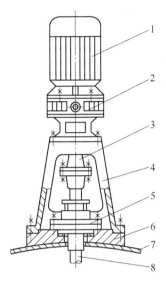

图 3-24　搅拌反应釜的传动装置
1—电动机；2—减速机；3—联轴器；4—机座；
5—轴封装置；6—底座；7—封头；8—搅拌轴

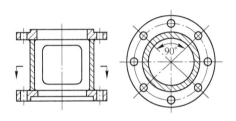

图 3-25　焊接机座

3.1.6　轴封装置

反应釜中介质的泄漏会造成物料浪费并污染环境，易燃、易爆、剧毒、腐蚀件介质的泄漏会危及人身安全和设备安全。因此，在反应釜的设计过程中选择合理的密封装置是非常重要的。

密封装置按密封面间有无相对运动，分为静密封和动密封两大类。搅拌反应釜上法兰面之间是相对静止的，它们之间的密封属于静密封。静止的反应釜顶盖（上封头）和旋转的搅拌轴之间存在相对运动，它们之间的密封属于动密封。为了防止介质从转动轴与封头之间的间隙泄漏而设置的密封装置，简称为轴封装置。

反应釜中使用的轴封装置主要有填料密封和机械密封两种。填料密封结构如图 3-26 所示，在压盖压力作用下，填料产生径向扩张，对搅拌轴表面施加径向压紧力，塞紧了间隙，从而阻止介质的泄漏。由于填料中含有一定量的润滑剂，因此，在对搅拌轴产生径向压紧力的同时形成一层极薄的液膜，它一方面使搅拌轴得到润滑，另一方面阻止设备内流体逸出或外部流体渗入而达到密封作用。

机械密封是用垂直于轴的两个密封元件（静环和动环）的平面相互贴合，并作相对运

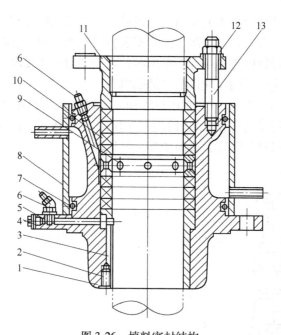

图 3-26　填料密封结构

1—箱体；2—螺钉；3—衬套；4—螺塞；5—油圈；6—油杯；7—O 形密封圈；

8—水夹套；9—油杯；10—填料；11—压盖；12—螺母；13—双头螺柱

动达到密封的装置，又称为端面密封，如图 3-27。机械密封耗功小、泄漏量低、密封可靠，广泛应用于搅拌反应釜的轴封。

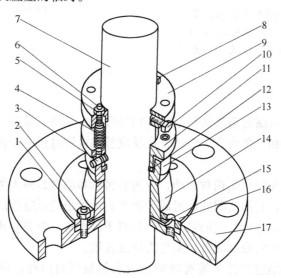

图 3-27　机械密封图

1—螺母；2—双头螺栓；3—固定螺钉；4—弹簧；5—螺母；6—双头螺栓；7—搅拌轴；

8—弹簧固定螺丝；9—弹簧座；10—紧固螺钉；11—弹簧压板；12—密封圈；

13—动环；14—静环；15—密封垫；16—静环压板；17—静环座

机械密封与填料密封有很大的区别。从密封性质来讲，填料密封中轴和填料的接触是圆柱形表面,而在机械密封中动环和静环的接触是环形平面。其次,从密封力看,填料密封中的密封力靠拧紧压盖螺栓后,使填料发生径向膨胀而产生,在轴的运转过程中,伴随着填料与轴的摩擦发生磨损,从而减小了密封力会引起泄漏。而在机械密封中,密封力是靠弹簧压紧动环和静环而产生的,当两个环有微小磨损后,密封力基本保持不变,因而介质不容易泄漏。故机械密封比填料密封要优越得多。

3.2 气 体 搅 拌

3.2.1 气体搅拌基础

气体搅拌是以空气或蒸汽通入液体介质,借鼓泡作用进行搅拌。因此,此项设备常称鼓泡器,如图 3-28 所示。气流搅拌是搅拌方法中较为简单的一种,若液体还需要加热,则蒸汽搅拌更为简单。为了搅拌均匀,位于容器底部的气管装置,应严格保持水平。而管上气孔应小些为宜,且沿管长呈螺旋分布。但气孔又不宜太小,否则易发生阻塞,小孔直径一般在 3 ~ 6mm 之间。有时

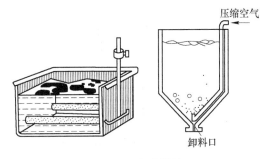

图 3-28 气流搅拌

为了避免鼓泡器阻塞,可在容器底装设具有齿形边缘的泡罩以代替气管,使空气或蒸汽由齿缝间鼓泡而出。送入的空气或蒸汽,其压强必须足以造成气速的速度压头,并超过容器内液体的静压头及摩擦阻力。至于空气的消耗量,以每分钟每平方米容器中液面所需空气的体积表示,可取如下经验数值:微弱搅拌 $0.4m^3$;中强搅拌 $0.8m^3$;剧烈搅拌 $1.0m^3$。

气流搅拌的设备简单,特别适用于化学腐蚀性强的液体,但送入的空气可能将液体中有用的挥发物带走,造成损失,同时空气亦可在液体中产生氧化作用。气流搅拌的能量消耗一般多于机械搅拌。

气流搅拌是利用气体鼓泡通过流体层,对流体产生搅拌作用,或使气泡群以密集状态上升,借助所谓气升作用促进流体产生对流循环,从而达到搅拌混合的目的。与机械搅拌相比,仅气泡的气升对流体所产生的搅拌作用是比较弱的,对于高黏度流体比如几个 Pa·s 以上的流体就难于适用。但气流搅拌无运动部件,所以对强腐蚀性流体和高温高压条件下反应流体的搅拌是很方便的。

气流搅拌的特点是:设备简单,但能量消耗大并且作为搅拌用的气体(如空气、蒸汽等),易将液体中贵重挥发性组分带走,造成损失。气流搅拌应用范围不广,其设备一般按具体的工艺要求进行制作。

3.2.2 气体搅拌设备

3.2.2.1 帕秋卡槽

帕秋卡槽是一种矿浆搅拌槽,如图 3-29 所示。有一锥形底,锥角 0° ~ 90°,一般为

60°，有利于沉降下来的矿砂在槽内循环。从槽的底部引入气体，对槽内的矿浆进行搅拌。帕秋卡槽的高径比一般为 2.5~3.0，有的高达 5。一般槽径 3~4m，高 6~10m，大槽槽径可达 10~12m，高达 30m。多用混凝土捣制，内衬防腐材料（如环氧树脂玻璃钢、瓷砖、耐酸瓷板等）。根据中央循环管的长短和有无，帕秋卡槽的槽型有如图 3-30 所示的 A、B、C 三种形式，特点见表 3-9。不同的帕秋卡槽矿浆循环量随液深的变化关系如图 3-31 所示。图中曲线 A、B、C 分别是 A 型槽、B 型槽及 C 型槽的循环量特性。

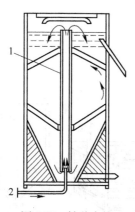

图 3-29　帕秋卡槽

1—中央循环管；2—压缩空气管

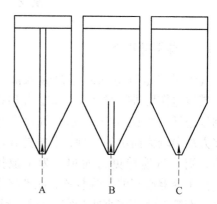

图 3-30　帕秋卡槽的基本类型

表 3-9　帕秋卡槽的槽形与特点

槽　型	结构特点	矿浆循环流动特性	充气功能
A 型槽	中心管由底部伸至槽顶液面	矿砂全部提起，底无积砂	最差
B 型槽	中心管由底部伸至槽内液体中	槽底清洁	次之
C 型槽	无中心管	槽底积砂	最好

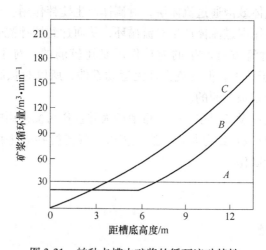

图 3-31　帕秋卡槽中矿浆的循环流动特性

3.2.2.2 鼓泡塔

鼓泡塔是经圆筒形塔底部的气体分散器连续鼓入气体，进行气液接触的气流搅拌槽反应器，用于气液反应或气液固反应。如图 3-32 所示为一般鼓泡塔的简图。图 3-32（a）是广泛应用的塔式，如氧化铝工业所用的鼓泡预热器，图 3-32（b）与图 3-32（c）多用于液相氧化或微生物反应。鼓泡塔底部装有不同结构的鼓泡器（见图 3-33）。钟罩形鼓泡器

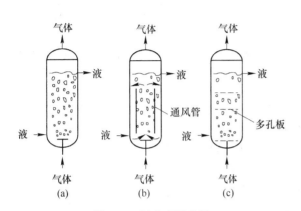

图 3-32　标准型鼓泡塔

（a）鼓泡塔；（b）供风管式鼓泡塔；

（c）多孔板式鼓泡塔

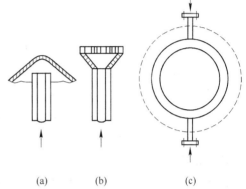

图 3-33　鼓泡器的部分结构

（a）钟罩形；（b）供气喷嘴；（c）环形鼓泡器

具有锯齿形边缘，以便将空气或气体分散成细小的气泡。鼓泡器的孔径通常取 3~6mm（对于空气在水中鼓泡，最大孔径是 6~7mm）。

3.2.2.3 空气升液搅拌槽

除了鼓泡方式以外，气流搅拌还可以按照空气提升或空气升液器原理进行，如图 3-34 所示。通过送入中心风管的压缩空气，使料浆循环来实现搅拌。料浆与空气混合，形成气体—料浆混合物，其密度远低于料浆，因而使混合物沿管内空间上升，并由槽上部溢出。在料浆面变化不定的设备中，最好安装分段式空气升液器，即用分段的管件代替外管，浆料面降低时，气体—料浆混合物的提升高度也降低，从而减少能耗。

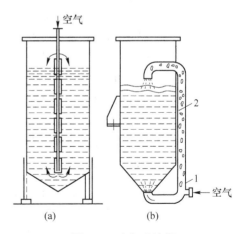

图 3-34　空气升液器

（a）分段式；（b）送出式

1—压缩空气管；2—物料流动管

3.3　流化床反应器

利用上升液体使悬浮其中的颗粒物料呈上下翻腾的流态化状态，浸出物料中的可溶物质，称为流态化浸出；或洗脱其中颗粒夹带的溶液，称为流态化洗涤；或用金属粉末将溶

液中的金属离子置换分离富集，称为流态化置换；或用金属粉末电极将溶液中的金属离子电积提取分离，称为流态化电积。流态化技术在湿法冶金中的应用显示具有优于传统机械搅拌的一系列特征（表 3-10）。

表 3-10　液-固流化床反应器与机械搅拌槽反应器的对比

对比因素	机械搅拌槽反应器	流化床反应器
混合搅拌	需机械搅拌	可全部水力操作
作业液固比	一般大于 3~4	可低于 3 甚至 1，故贫矿也可获得浓的浸出液
设备多级串联	需多台设备组合方能建立浓度梯度	可在单台设备中建立浓度梯度，可免去串联系统中的级间液固增稠、分离和输送等设备
设备单位产能	不高	高、设备容积小、占地小

　　国内外对液-固流态化反应器作了多方面的开发研究，其常见形式如图 3-35 所示。固体颗粒由顶部加入，固体渣料由底部排出，溶液从底部切线方向供给，浆料由浓相区排出，上清液由澄清区溢流排出。反应器横截面沿高度变化，流化床层中发生激烈的搅拌和液流对颗粒的环流，使得外扩散阻力急剧下降，过程强化，显著提高相关的湿法冶金设备的单位产能。表 3-11 所列数据表明流化床反应器能达到较高产能。

　　图 3-36 表示内径为 1m 的流态化洗涤器的主要尺寸。在 ϕ1m 的洗涤器中镍矿氨浸矿渣氨洗镍处理能力达到 110t/（m³·d），有效洗涤比为 0.327t$_水$/t$_矿$；水洗氨达到 140t/（m³·d），有效洗涤比为 0.317t$_水$/t$_矿$，带走氨 2kg/t$_焙砂$。

　　图 3-37 为容量 20m³ 的流态化置换器的结构和尺寸。槽体由钢焊成，内衬防腐层，溶液沿切线方向由锥底部进入，锥底部分内衬橡胶。锌粉由加料机从顶部加入，被搅拌分散并与上升溶液接触。一般每小时的处理能力为槽容积的 3~4 倍，其生产能力达 60~80m³/h 或 3~4 m³/（m³·h）。

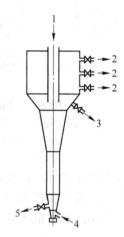

图 3-35　流化床反应器
常见类型
1—固体物料；2—上清液；
3—矿浆；4—溶液；5—渣料

表 3-11　流化床反应器的单位生产能力

不同作业	流化床达到的单位产能	与搅拌槽对比
流态化浸出	湿法炼锌酸浸中性浓泥时生产能力达 22t/（m³·d）（固体）	较机械搅拌高 17 倍
流态化置换	湿法炼锌锌粉置换除铜镉时生产能力达 3~4m³/（m³·h）	较机械搅拌高 8~10 倍

　　流态化置换器需要台数 N 计算式为：

$$N = \frac{Q}{q \cdot V_R} \tag{3-3}$$

式中　Q——需处理的上清液量，m³/h；

q——单位容积处理能力，$m^3/(m^3 \cdot h)$；

V_R——置换器的有效容积，m^3。

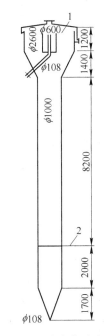

图 3-36 流态化洗涤器
1—布浆管；2—洗液进管

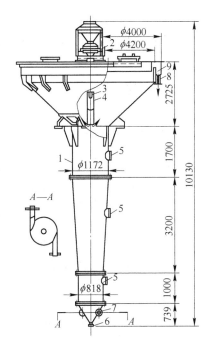

图 3-37 流态化置换器
1—槽体；2—加料圆盘；3—搅拌机；4—下料圆管；5—窥视孔；
6—放渣口；7—进液口；8—出液口；9—溢流堰

置换器内各区段直径根据各区段溶液流速计算数据见表 3-12。国外有的工厂将流态化置换器巧妙地串联组合作业，如将净化液含镉降至 0.5mg/L 以下，产出含镉 80%~90% 的镉渣。

表 3-12 流态化置换器各区段溶液流速

区 段	进液管	下 部	中 部	顶 部
流速/$m \cdot h^{-1}$	90~108	75~80	33~40	3~4

3.4 管道反应器

管道混合反应器是流体在管道内流过时，通过某一构件或混合元件的作用而达到均匀混合的目的，是一种无任何机械运动部件的混合器。

所谓管道溶出，按照 K·别尔费茨（Biefeldt）的定义是"溶出过程在管道中进行，且热量通过管壁传给矿浆"。20 世纪 30 年代奥地利 Hiller 和 Muller 最先提出了利用管道溶出器高温溶出铝土矿的设想，但直至 50 年代才由匈牙利的 Lanyi 首次进行管道化溶出试验，并在 1965 年建立了世界上第 1 套管道化溶出装置。本节以氧化铝生产为例介绍管道反应器及管道化溶出技术。管道化溶出器可实现比压煮器更高的溶出温度或更高的溶出压力。

它是铝土矿强化溶出技术的主要发展方向，矿浆在管道内呈高速湍流状态，传热、传质效果更佳，且无返混现象。因而可显著缩短溶出时间，大大提高设备利用率，且所需设备容积较小，投资也少。由于间接加热，不存在溶出矿浆被加热蒸汽冷凝稀释问题，所以可实现低碱浓度溶出，从而大大降低了母液的蒸发负荷，使整个氧化铝生产过程能耗可降至最低。

3.4.1　溶出管道系统

3.4.1.1　德国单流法溶出管道系统

德国联合铝业公司是世界上采用管道化溶出技术生产氧化铝最多的国家。为了提高处理不同种类铝土矿的能力，在总结已有运行经验的基础上，设计出一套最新的 RA-6 型管道化溶出装置，并于 1980 年 8 月在利泊厂投产。图 3-38 为其工艺流程图。

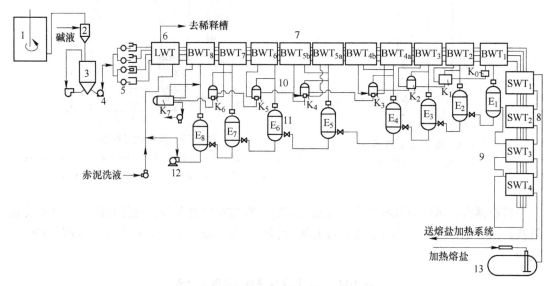

图 3-38　RA-6 型管道化溶出流程图

1—矿浆槽；2，3—混合槽；4—泵；5—高压泵；6~8—管式加热器；9—保温反应器；
10—冷凝水自蒸发器；11—矿浆自蒸发器；12—泵；13—熔盐槽

LWT 是原矿浆-溶出矿浆热交换管，外管 ϕ368mm，内装 ϕ100mm 管，长 160m。

BWT_1 ~ BWT_8 是溶出矿浆经 8 级自蒸发产生的二次蒸汽-矿浆热交换管，共有 10 段，每段长 200m，除 BWT_4 和 BWT_5 各有两段外，其他各有一段。外管直径 BWT_1 ~ BWT_6 为 ϕ406mm，BWT_7 和 BWT_8 为 ϕ508mm。同样，外管内装 4 根 ϕ100mm 管。

SWT_1 ~ SWT_4 是熔盐加热管，外管 ϕ406mm，长 75m，内装 4 根 100mm 管。

保温反应管直径 350mm。

E_1 ~ E_8 是 8 级矿浆自蒸发器，其规格 E_1 ~ E_8 是 ϕ2200mm×4500mm，E_7 是 ϕ2600mm×4500mm，E_8 是 ϕ2800mm×4500mm。

K_0 ~ K_7 是 8 级冷凝水自蒸发器，其规格 K_0 ~ K_3 是 ϕ1000mm×1400mm，K_4 ~ K_6 是 ϕ1400mm×1800mm，K_7 是 ϕ3300mm×5000mm。

温度小于85℃的原矿浆，用高压泵送入管式反应器系统，经LWT管使温度达85～90℃，在BWT管中用二次蒸汽加热到220～250℃，再在熔盐加热管中使温度达到280℃，矿浆在保温反应管中充分反应后，经8级自蒸发系统和LWT换热管降温后排出。

RA-6型管道化溶出系统，配备有较先进的检测、控制和数据处理系统。

控制系统有：调节熔盐温度来控制溶出温度、矿浆自蒸发器的液面调节、调节隔膜泵的液力偶合器来控制原矿浆流量。

配备有POP11/24型计算机，每2s记录一次146个测量点的数据，每5min，计算一次各单元的传热系数。

RA-6型溶出装置的技术特点：

（1）溶出温度280℃，是目前世界上最高的温度。

（2）属多管单流法。原来是在一个大管中装2根φ159mm管，现改为装4根φ100mm管使传热面积增加25.8%。

（3）为了防止在加热管中生成钛渣结疤，在保温反应管中加入石灰乳。

（4）采用了矿浆-矿浆、矿浆-蒸汽、矿浆-熔盐3种管式热交换器，使溶出过程每吨 Al_2O_3 热耗降到3.5GJ。

（5）8级自蒸发流程中，管式反应器中的冷凝水进入冷凝水自蒸发器中，而该蒸发器产生的二次蒸汽又进入原管式反应器中。为建立压力差，保证汽液顺利流动，将矿浆自蒸发器和冷凝水自蒸发器按不同平面配置。

（6）熔盐炉采用最新式的劣质煤流态化燃烧装置，成本低，热效率高（90%），烟气净化好。

（7）采用卧式12个隔膜腔的埃姆利希（Emlish）泵，以适应四管管式反应器需要。

3.4.1.2 匈牙利多流法溶出管道系统

匈牙利多流法管道化溶出系统如图3-39所示。多股料流同时加热是匈牙利管道化溶出装置的最主要的特征。

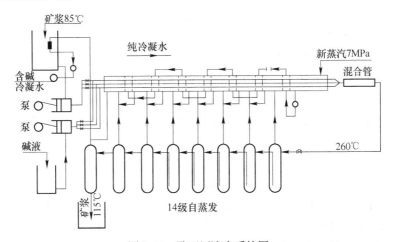

图3-39 马丁厂溶出系统图

碱液和经过预脱硅的矿浆，分别用高压泵送入管式反应器中，开始用高温溶出矿浆产生的二次蒸汽加热到 215℃，最后用新蒸汽加热到 248℃（最高达 260℃）。已加热的碱液和矿浆在混合管中合流充分溶出后，进入多级自蒸发系统降温，排入稀释槽。

马丁厂有大小两套溶出装置。

大装置：3 根 φ67mm 管置于 φ200mm 管中，管长 13m 为 1 个单元（见图 3-40），每 4 根单元构成 1 组（图 3-41），二次蒸汽加热段管长 780m，新蒸汽加热段管长 298m，混合管直径 200mm。反应时间随矿石溶出性能而定，一般为 3~12min。采用 14 级自蒸发。

小装置：3 根 φ50mm 管置于 φ150mm 管中，管长 6.5m 为 1 个单元，每 7 个单元构成一组，混合管直径 150mm。采用 12 级自蒸发。

图 3-40　管道反应器的加热单元

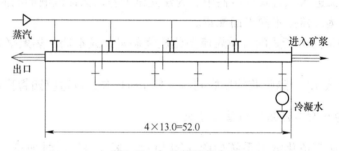

图 3-41　加热管的组合

配备有 18 个测量点的数据集中显示和部分参数自动控制系统。主要测量参数有温度、流量、压力、传热系数、溶出前后苛性碱浓度和苛性分子比等。

匈牙利溶出装置的技术特点：

（1）属管道多管多流法。在结构上是 1 根大管子中装 3 根小管子，在工艺上是多流作业。1 根管中走碱液，2 根管中走矿浆，然后合流。这种多流法与一般双流法的最大差别是，前者矿浆和碱液是同时加热到相同的温度然后合流；后者是矿浆先加热碱液，然后合流。

（2）3 根管交替输送矿浆和碱液，用碱液清除结疤，从而有较高的传热系数（平均 1795W/（m²·℃））和运转率（达 96%~98%）。

（3）溶出温度低（243~248℃），为得到好的氧化铝溶出率，采用较长的溶出时间。

这套装置在工业运行中已出现一些问题。碱液洗结疤效果不好，每运行 20~25d 还需进行酸洗和高压水清洗，同时管道腐蚀严重，每年需更换一次。此外，还需要增加高压泵台数。因此，进入 20 世纪 90 年代就改为单流法运行。

3.4.1.3 管道化溶出技术的工业应用

管道化溶出技术在德国得到普遍应用。匈牙利也有 1 个 100kt/a 的工厂采用这项技术，处理的是一水软铝石型或三水铝石-水软铝石型铝土矿，它与高压釜溶出相比，得到了较好的技术经济效果。

具体表现在：

(1) 可以实现高温低浓度溶出。经处理后溶出与分解的碱液浓度接近，这样就可以减少乃至取消蒸发作业，显著降低能耗（20%以上）。

(2) 由于溶出温度高，多级自蒸发产生的二次蒸汽量大，可以提供更多的赤泥洗水，从而减少赤泥带走的碱和氧化铝损失；如果赤泥洗水量不增加，则蒸发水量就可以减少，降低蒸发汽耗。

(3) 设备表面积比高压釜少，减少热损失。

(4) 氧化铝溶解度大，溶出液苛性分子比低（低于 1.45），显著提高循环效率。

(5) 由于溶出温度高和高湍流作用，即使是铝针铁矿中的氧化铝也能提取出来，氧化铝相对溶出率大于 95%。

(6) 根据同位素 140La 测量，即使串联高压釜数达 10 台，仍有 50%的物料达不到平均停留时间而排出釜外。但是物料在管式反应器中，几乎全部都能达到平均停留时间。由于溶出时间不够，使得高压釜的溶出率低于管式反应器，对于三水铝石型铝土矿二者相差 3%。

(7) 溶出速度快，时间短。对于三水铝石型铝土矿，在将矿浆加热到 280℃ 的过程中，氧化铝就全部溶出，不需要保温溶出反应时间，对于一水软铝石型铝土矿，在加热过程中的低温段可溶出 20%，在 210~260℃ 溶出 70%，只有 10% 需要保温溶出 5min。

(8) 矿浆紊流程度高，有利于传热。管式反应器平衡传热系数高达 $1500~2500W/(m^2 \cdot ℃)$，而高压釜只有 $400~600 W/(m^2 \cdot ℃)$。

(9) 用熔盐加热，很容易调整熔盐与矿浆之间的温度差（达 100~150℃），这就可以减少换热面积。

(10) 管式反应器制造容易。

(11) 管道化溶出装置没有机械搅拌等运动部件，维护费用低。

(12) 可用化学或高压水方法清洗结疤，清洗速度快，而且无笨重体力劳动。

(13) 由于管道化溶出装置的质量与面积之比只有 $120~140kg/m^2$，而高压釜则高达 $250~280kg/m^2$，同时前者的传热面积只有后者的一半，因此，管道化溶出装置的投资少 20%~40%。

3.4.2 单管预热（150℃）-高压釜溶出系统

山西铝厂和广西平果铝厂都从法国引进了单管预热（150℃）-高压釜溶出技术。我们把它也归为强化溶出技术，是因为它的溶出温度达 260℃，而且采用了先进的管式反应器来预热矿浆。图 3-42 所示为山西铝厂溶出系统流程图。

固体含量为 300~400g/L 的矿浆在 $\phi8m \times 8m$ 加热槽中，从 70℃ 加热到 100℃，再在 $\phi8m \times 14m$ 预脱硅槽中常压脱硅 4~8h。预脱硅后的矿浆配入适量碱液，使固体含量达

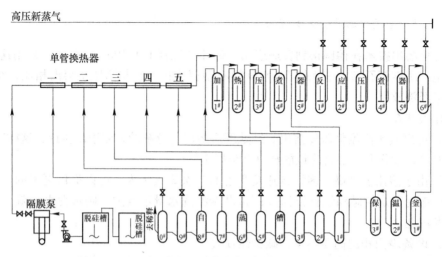

图 3-42　山西铝厂引进法国的单管预热-高压釜溶出系统

200g/L。温度 90 ~ 100℃。用高压橡胶隔膜泵送入 5 级 2400m 长的单管预热器（外管 $\phi335.6mm$，内管 $\phi253mm$）中，用前 5 级矿浆自蒸发器产生的二次蒸汽加热，使矿浆温度提高到 155℃。然后进入 5 台 $\phi2.8m \times 16m$ 加热高压釜中，用后 5 级矿浆自蒸发器产生的二次蒸发加热到 220℃，再在 6 台 $\phi2.8m \times 16m$ 反应高压釜中用 6MPa 高压新蒸汽加热到溶出温度 260℃。最后在 3 台 $\phi2.8m \times 16m$ 终端高压釜中，保温反应 45 ~ 60min。高温溶出矿浆经 10 级自蒸发，温度降到 130℃ 以下送入稀释槽。

加热高压釜和反应高压釜都配有机械搅拌装置及加热管束，终端高压釜中只有机械搅拌装置。

技术特点：

（1）矿浆在单管预热器中预热到 150℃ 左右，再在间接加热机械搅拌高压釜中加热、溶出。溶出温度最高为 260℃，溶出时间充分，达 45 ~ 60min。

（2）矿浆流量 450m³/h，相当于年产氧化铝 330kt，是当前处理一水硬铝石型铝土矿最大的溶出系统。

（3）单套管反应器直径大，减少了结疤对流速和阻力的影响。

（4）单套管反应器结构简单，加工制造容易，维修方便。

（5）单套管反应器排列紧凑，安装在两端可以开启的保温箱内，而反应器本身不敷保温材料。

3.4.3　管道-停留罐溶出系统

对于难溶出的铝土矿，可以在管式反应器后面附加一个反应罐的设想，在 1972 年就提出来了。针对我国一水硬铝石型铝土矿难溶出的特点，我国采用了"管道-停留罐"强化溶出技术。目前我国已有三种强化溶出技术：（1）原山西铝厂和平果铝厂引进法国的单管预热-高压釜溶出技术；（2）原长城铝业公司引进德国的管道化溶出（RA_6）技术；（3）我国自己研究成功的管道-停留罐溶出技术。这三种技术的采用，大大提高了我国拜耳法生产氧化铝的水平。

如图 3-43 所示为管道-停留罐设备流程图。矿浆流量 4~6m³/h，溶出温度 300℃。

原矿浆经预脱硅后，用橡胶隔膜泵送入 9 级单套管预热器中。前 8 级用 8 级矿浆自蒸发器产生的二次蒸汽加热，第 9 级用熔盐加热。达到溶出温度的矿浆在停留罐中充分溶出后，进入 8 级矿浆自蒸发器降温，然后排入稀释槽。

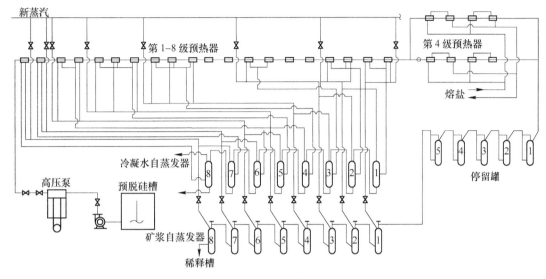

图 3-43　管道-停留罐设备流程图

单管预热器：第 1~5 级外管 φ102mm×5mm，内管 φ48mm×8mm，第 6~9 级外管 φ89mm×7mm，内管 φ42mm×8mm。每 50m 长为一节。第 1、2 级各为 1 节，第 3 级为 2 节，第 4、5 级各为 3 节，第 6、7、8 级各为 2 节，第 9 级为 5 节。在第 5~6 级之间有 2 节 φ102mm×12mm 脱硅管，在第 6~7 节之间有 2 节 φ102mm×12mm 脱钛管；总共 25 节，全长 1250m。

停留罐是一个空罐，直径 269mm，高 10.5m，多台串联。矿浆自蒸发器：第 1~4 级 φ426mm×22mm×2500mm，第 5~6 级 φ500mm×12mm×3500mm，第 7~8 级 φ820mm×10mm ×3500mm。

冷凝水自蒸发器：第 1~4 级 φ426mm×22mm×3500mm，第 5~7 级 φ402mm×9mm× 3500mm，第 8 级 φ616mm×8mm×3500mm。

主要技术特点：

（1）矿浆在单管预热器中快速加热到溶出温度，再在停留罐中充分溶出。它利用了管式反应器易实现高温溶出及高压釜能保证较长溶出时间的优点，又克服了纯管道化溶出时管道太长，使泵头压力升高，电耗大且结疤清洗困难的缺点，以及纯高压釜溶出时溶出温度不能超过 260℃，机械搅拌密封和结疤清洗困难的缺点。适合于处理需要较长溶出时间的一水硬铝石型铝土矿。

（2）停留罐中无搅拌和加热装置。结构简单，加工制造容易，维修方便，容易清洗结疤。

思 考 题

3-1　釜式反应器中为什么安装搅拌器? 常用搅拌器的类型有哪些?

3-2　试述机械搅拌反应器的结构及基本参数。

3-3　釜式反应器中换热装置的作用是什么? 如何选择?

3-4　试述管式反应器的适用范围及特点。

3-5　反应器中导流筒有什么作用?

3-6　搅拌与混合的目的是什么?

3-7　如何选择机械搅拌设备?

3-8　简述气体搅拌的特点和种类。

4 湿法冶金换热设备

在冶金反应过程中，温度是反应进行的重要控制因素，为了维持反应过程所要求的温度，冶金物料往往需要进行热量的传递，传热过程对于冶金生产起着十分关键的作用。在冶金工业中广泛采用换热设备以实现传递热量的目的。

4.1 热量传输基础

热量的传递是由系统或物体内部的温度差引起的。根据热力学第二定律，凡是存在温度差的地方，热量总是自发地从高温物体传向低温物体，或是从物体的高温部分传到低温部分。由于在湿法冶金过程中几乎到处存在着温度差，所以热量的传递在湿法冶金过程中是一种十分普遍的现象。

4.1.1 热量传递的方式

热量传递的基本方式有导热、对流和热辐射三种。

（1）导热。当物体内部或互相接触的两个物体之间不发生相对位移时，依靠分子、原子及自由电子等微观粒子的热运动而产生的热量传递过程称为导热（或称热传导）。例如，固体内部温度较高的部分将热量传递给温度较低的部分，或是温度较高的物体将热量传递给与之接触且温度较低的物体。

（2）对流。由于流体的运动，从某一温度区域向另一温度不同的区域移动而发生的热交换称为对流传热（或称热对流）。对流传热可分为自然对流和强制对流。自然对流是由于流体内部各处的温度差异形成的流体流动；强制对流是由于外作用力（如泵等机械搅拌设备）而引起的流体宏观运动。对流传热仅能发生在流体中，并且其过程往往伴随有导热。在湿法冶金过程中，利用流体流过一个固体表面进行热量传递的应用非常多，例如，水溶液流过蛇形管道时进行热量的传递过程。

（3）热辐射。物体以电磁波的形式来传递热量的方式称为热辐射。自然界中的任何物体，只要其绝对温度不为0K，都会不停地向空间发出热辐射，物体发射热辐射的多少与物体的温度成正相关，温度越高，所发射的热辐射越多。物体在发射热辐射的同时也会不断地吸收其他物体发出的热辐射，辐射与吸收过程的共同作用造成了以辐射方式进行的物体之间的热量传递。与导热、对流这两种热量传递方式不同，热辐射不需要依靠传热介质，即使在真空中也能传递。例如，太阳与地球之间只进行热辐射，导热和对流都不会发生。

4.1.2 传热过程和传热系数

在许多工业换热设备中，进行热量传递的冷、热流体通常在固体壁面的两侧，例如，导热油流经导热盘管加热浸出槽中的矿浆。这种热量由壁面一侧的流体通过壁面传递到另一侧流体中去的过程称为传热过程。一般来说，传热过程包括串联着的以下三个环节：
（1）从热流体到壁面高温侧的热量传递；（2）从壁面高温侧到壁面低温侧的热量传递；
（3）从壁面低温侧到冷流体的热量传递。假定串联着每个环节的热流量 Φ 是相同的，设
平壁面积为 A，参照图4-1中的传热过程，则可以描述三个环节热流量的表达式如下：

$$\Phi = Ah_1(t_{f1} - t_{w1}) \tag{4-1}$$

$$\Phi = \frac{A\lambda}{\delta}(t_{w1} - t_{w2}) \tag{4-2}$$

$$\Phi = Ah_2(t_{w2} - t_{f2}) \tag{4-3}$$

将表达式（4-1）、式（4-2）、式（4-3）改写为温度差的形式：

$$t_{f1} - t_{w1} = \frac{\Phi}{Ah_1} \tag{4-4}$$

$$t_{w1} - t_{w2} = \frac{\Phi}{\lambda A/\delta} \tag{4-5}$$

$$t_{w2} - t_{f2} = \frac{\Phi}{Ah_2} \tag{4-6}$$

三式相加，整理后得：

$$\Phi = \frac{A(t_{f1} - t_{f2})}{\dfrac{1}{h_1} + \dfrac{\delta}{\lambda} + \dfrac{1}{h_2}} \tag{4-7}$$

也可以表示为：

$$\Phi = Ak(t_{f1} - t_{f2}) \tag{4-8}$$

$$k = \frac{1}{\dfrac{1}{h_1} + \dfrac{\delta}{\lambda} + \dfrac{1}{h_2}} \tag{4-9}$$

式中，k 为传热系数，单位为 $W/(m^2 \cdot K)$。其数值上等于冷、热流体间温度差为1℃、传
热面积 $A = 1m^2$ 时热流量的值。传热系数是表征传热过程强烈程度的标尺，传热过程越强
烈，传热系数越大，反之则越小。

　　由传热系数的表达式（4-9）可知，其等于整个
传热过程中各个环节的 $1/h_1$、δ/λ 及 $1/h_2$ 之和的倒数。
如对其表达式取倒数，则：

$$\frac{1}{k} = \frac{1}{h_1} + \frac{\delta}{\lambda} + \frac{1}{h_2} \tag{4-10}$$

$$或 \quad \frac{1}{Ak} = \frac{1}{Ah_1} + \frac{\delta}{A\lambda} + \frac{1}{Ah_2} \tag{4-11}$$

将式（4-8）写成 $\Phi = \dfrac{\Delta t}{1/(Ak)}$ 的形式并与电学中的欧

姆定律 $I = \dfrac{U}{R}$ 相比较，不难看出 $1/Ak$ 具有类似于电阻

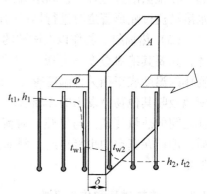

图 4-1　传热过程的剖析

的作用。假定把 $1/Ak$ 称为传热过程的热阻，那么在传热过程中，$1/Ah_1$、$\delta/A\lambda$ 及 $1/Ah_2$ 分

别是各个构成环节的热阻。如图 4-2 所示为传热过程热阻的分析图，该图中串联热阻的叠加原理与电学中串联电阻的叠加原理是相对应的，即在一个串联的热量传递过程中，如果通过各个环节的热流量都相同，那么各个串联环节的总热阻等于各个串联环节热阻的总和。

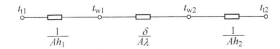

图 4-2　传热过程的热阻分析

4.2　湿法冶金换热设备

所谓换热设备（又称为换热器）就是实现热量传递的设备。在冶金生产中，大多数工艺过程都有加热、冷却等过程，因此换热设备广泛应用于工业中。换热设备的形式繁多，根据热量传递方法的不同，可以分为间壁式、直接接触式和蓄热式三大类。

（1）间壁式换热器。温度不同的冷、热流体通过隔离流体的固体壁面进行热量传递，因为两流体之间有固体壁分开，故互不接触，这是冶金工业中应用最广泛的类型。套管式、列管式和板式换热器都属于这一类。

（2）直接接触式换热器，又称混合式换热器。冷流体和热流体在进入换热器后直接接触传递热量。这种方式不需要换热壁面，对于工艺上允许两种流体可以混合的情况下，是比较方便而有效的，如凉水塔、喷射式冷凝器等。

（3）蓄热式换热器。冷、热温度不同的两种流体先后交替地通过一个热容量很大的蓄热室，高温流体将热量传给蓄热体，然后蓄热体又将这部分热量传给随后进入的低温流体，从而实现间接的传热过程。这类换热器结构较为简单，可耐高温，常用于高温气体的冷却或废热回收，如回转式蓄热器。

在湿法冶金工业生产中常用的换热设备为间壁式换热器和直接接触式换热器，而且又以间壁式换热器占大多数，间壁式换热器又分为管式换热设备和板式换热设备。

4.2.1　管式换热器

管式换热器中传递热量的固体间壁基本为圆管形。

4.2.1.1　列管式换热器

列管式换热器通常将一些直径较小的圆管用管板组成一个管束，然后在管束外加一个外壳构成管壳式换热器，具有选材范围广、制造难度低、能在高温高压条件下使用、处理能力大、换热表面易清洗等特点。目前，列管式换热器是湿法冶金生产中应用最广泛的一种间壁式换热器。

A　浮头式换热器

浮头式换热器的结构，如图 4-3 所示。其一端管板是固定的，与壳体刚性连接，另一端管板是活动的，与壳体之间并不相连，活动管板一侧总称为浮头，浮头的具体结构如图 4-4 所示。浮头式换热器由于管束的膨胀不受壳体的约束，其受热和冷却时能自由伸缩，适用于冷、热流体温差较大的场合。浮头式换热器的管束可由浮头端从壳体中抽出,故便于清洗和检修;但是浮头式换热器结构复杂、造价较高,浮头处若密封不严会造成两种流体混合且不易察觉。

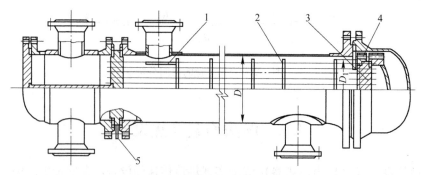

图 4-3　浮头式换热器
1—防冲板;2—折流板;3—浮头管板;4—钩圈;5—支耳

B　U 形管式换热器

U 形管式换热器的换热管做成 U 字形,两端都固定在同一块管板上,其结构如图 4-5 所示。U 形管式换热器中的管束可在壳体内自由伸缩,管子的受热与壳体无关,不会受到破坏,管束可从前端抽出,便于管外清洗,但 U 形管内清洗困难且管子更换不方便。U 形管式换热器结构简单、造价较低,但由于 U 形弯管半径不能太小,故与其他管壳

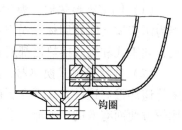

图 4-4　浮头结构示意图

式换热器相比,其布管数量较少,结构不够紧凑。U 形管式换热器适用于冷热流体温差较大、管内不易结垢的高温、高压、流体腐蚀性较大的场合。

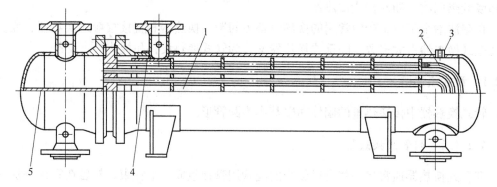

图 4-5　U 形管式换热器
1—中间挡板;2—U 形换热管;3—排气口;4—防冲板;5—分程隔板

C　固定管板式换热器

固定管板式换热器的典型结构,如图 4-6 所示,其主体结构主要由壳体、管束、管板、管箱及折流板等组成。其结构特点在于管束连接在管板上,管板与壳体焊接在一起,管子、管板和壳体形成刚性连接。这种换热器结构简单,造价较低,管外清洗方便,管子

损坏后易于更换，故应用十分普遍；其缺点在于壳体热膨胀能力差，一般当管壁与壳壁温度差大于50℃时，在壳体上应加装膨胀节。

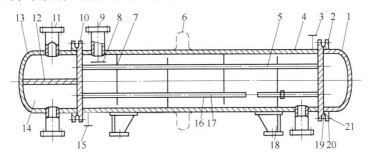

图 4-6　固定管板式换热器

1—封头；2—法兰；3—排气口；4—壳体；5—换热管；6—波形膨胀节；7—折流板（或支持板）；
8—防冲板；9—壳程接管；10—管板；11—管程接管；12—隔板；13—封头；14—管箱；
15—排液口；16—定距管；17—拉杆；18—支座；19—垫片；20，21—螺栓、螺母

D　列管式换热器流体的流程

列管式换热器工作时，一种流体走管内称为管程，另一种流体走管外（壳体内）称为壳程。管内流体从换热管一端流向另一端一次，称为一程；对 U 形管换热器，管内流体从换热管一端经过 U 形弯曲段流向另一端一次，称为两程。两管程以上就需要在管板上设置分程隔板来实现分程。常用的是单管程、两管程和四管程。分程布置如图 4-7 所示。壳程有单壳程和双壳程两种，常用的是单壳程，壳程分程可通过在壳体中设置纵向挡板来实现。

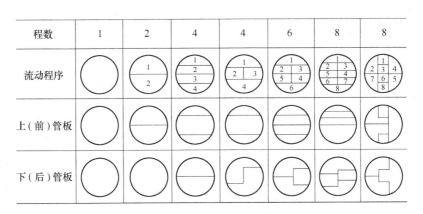

图 4-7　管壳式换热器的分程

a　换热管

换热管是列管式换热器的换热元件，它直接与两种介质接触。常用的管子材料为碳钢、低合金钢、不锈钢、铜、铜镍合金、铝合金等。此外还有一些非金属材料，如陶瓷、石墨、聚四氟乙烯等。管子材料应根据工作压力、温度和流体腐蚀性等条件决定。

b　管板

管板是换热器的主要部件之一，一般采用圆形平板，在板上开孔并装设换热管。管板

的作用是将受热面管束连接在一起，并将管程和壳程空间分隔开来，避免冷、热流体混合。在现代高温高压大型换热器中，管板的厚度可达 300mm 以上，质量超过 20t，在换热器的制造成本中占据相当一部分。

c　管板和管子的排列与连接

换热管在管板上的排列形式有正三角形、转角正三角形、正方形和转角正方形等。如图 4-8 所示。三角形排列布管多，结构紧凑，但管外清洗不便；正方形排列便于管外清洗，但布管较少、结构不够紧凑。我国的换热器系列中，固定管板式多采用正三角形排列；浮头式则以转角正方形排列较多。

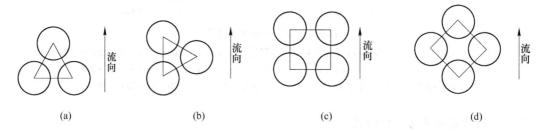

图 4-8　换热管在管板上的排列形式
（a）正三角形排列；（b）转角正三角形排列；（c）正方形排列；（d）转角正方形排列

管板和管子的连接方式一般有胀接和焊接两种，对于高温高压下常采用胀、焊并用的方式。

胀接法是利用管子与管板材料的硬度差，使管孔中的管子在胀管器的作用下直径变大并产生塑性变形，而管板只产生弹性变形，胀管后管板在弹性恢复力的作用下与管子外表紧紧贴合在一起，达到密封和紧固连接的目的，如图 4-9 所示。由于胀接是靠管子的变形来达到密封和压紧的一种机械连接方法，当温度升高时，可能引起接头脱落或松动，发生泄漏。因此，胀接适用于换热管为碳钢，管板为

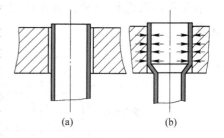

图 4-9　胀管前后示意图

碳钢或低合金钢，设计压力不超过 4MPa、设计温度不超过 350℃，且无特殊要求的场合。

焊接连接是将换热管的端部与管板焊在一起，工艺简单、不受管子和管板材料硬度的限制，且在高温高压下仍能保持良好的连接效果，所以对于碳钢或低合金钢，温度在 300℃ 以上，大都采用焊接连接，如图 4-10 所示。

d　管箱

管箱位于壳体两端，其作用是控制及分配管程流体。管箱的结构如图 4-11 所示，其中图 4-11（a）适用于较清洁的介质，因检查管子及清洗时只能将管箱整体卸下，不够方便；图 4-11（b）图在管箱上装有平盖，只要拆下平盖即可进行清洗和检查，所以工程应用较多，但材料用量较大；图 4-11（c）图是将管箱与管板焊成整体，这种结构密封性好，但管箱不能单拆下，检修、清洗都不方便，实际应用较少。

e　壳体及其与管板的连接

列管式换热器的壳体基本上是一个圆筒形状的容器，壳壁上焊有接管，供壳程流体进

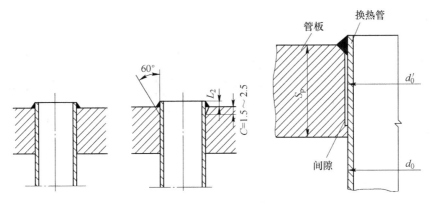

图 4-10 管板与换热管的焊接连接

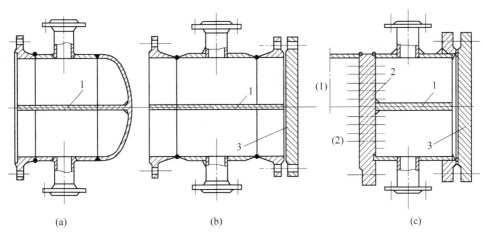

图 4-11 管箱结构形式
1—隔板；2—管板；3—箱盖

入和排出之用。直径小于 400mm 的壳体，通常用钢管制成，大于 400mm 时都用钢板卷焊而成。壳体材料根据工作稳定选择，有防腐要求时，大多考虑使用复合金属板。

在壳程进口接管处常装有防冲挡板或称缓冲板，以防止进口流体直接撞击管束上部的管排而造成管子的侵蚀和管束的振动。不同类型的换热器其壳体与管板的连接方式不同，如图 4-12 所示。在固定管板式中，两端管板均与壳体采用焊接连接、且管板兼作法兰用，在浮头式、U 形管式换热器中采用可拆连接，将管板夹持在壳体法兰和管箱法兰之间，这样便于管束从壳体中抽出进行清洗和维修。

f 折流板

在壳程管束中，一般都装有横向折流板，用以引导壳程流体横向流过管束，增加流体速度，提高换热效率。另外，折流板还可起到支撑管束、防止管束振动和管子弯曲的作用。

常用折流板有弓形和圆盘-圆环形两类，如图 4-13、图 4-14 所示。弓形又分为单弓形、双弓形及三弓形，其中单弓形和双弓形应用最多。弓形折流板的缺口高度应使流体通过时的流速与横向流过管束时的流速相当。

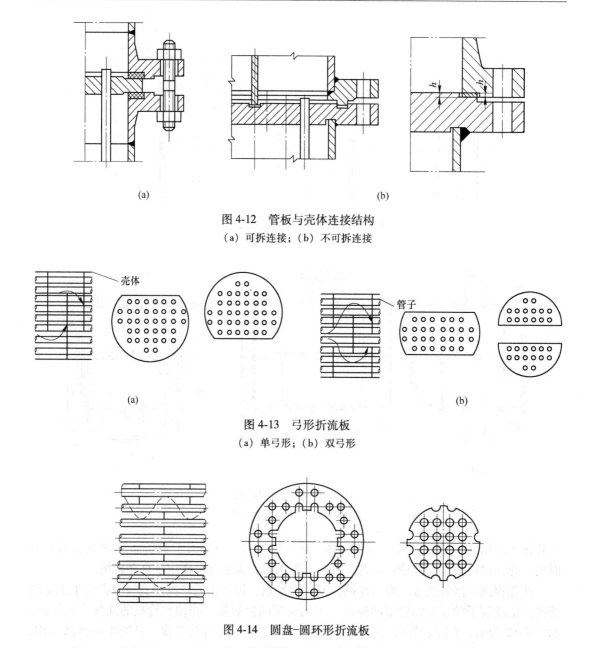

图 4-12   管板与壳体连接结构
（a）可拆连接；（b）不可拆连接

图 4-13   弓形折流板
（a）单弓形；（b）双弓形

图 4-14   圆盘-圆环形折流板

当然，有些换热器不需要设置折流板，但是为了增加换热管刚度，防止管子振动，通常也设置一定数量的支持板（按折流板一样处理）。

4.2.1.2   套管式换热器

套管式换热器由直径不同的两根管子组成同心套筒，内管用 U 型弯头连接，外套管用直管连接，其结构如图 4-15 所示。冷、热流体分别流过内管和套管的环隙，并在其中实现热交换。冷、热流体通常采用逆流方式，可用作加热器、冷却器和冷凝器。套管式换热器是最简单的管式换热器，根据换热面的大小，可以用 U 形肘管把许多套管段串联起来。

当载热体的流量很大时，把套管段用管箱并联起来。外套管可以直接焊在换热管上，如果管间需要清洗，或者内管材料不能焊接时，也可以采用法兰或填料函来连接。

套管式换热器的优点是结构简单、工作适用范围大，换热面积增减方便，两侧流体均可提高流速、并可保证逆流，获得较高的传热系数。缺点是检修、清洗比较麻烦。此种换热器适用于高温、高压、小流量及所需换热面积不大的场合。

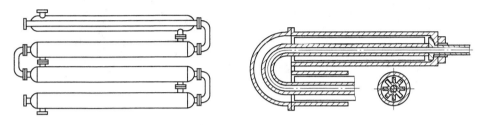

图 4-15 套管换热器

4.2.1.3 蛇管式换热器

蛇管式换热器的管形有的是螺旋形，有的是盘形。通常在槽形容器内放置蛇形盘管，使容器内的流体和盘管内的流体通过管壁进行热交换，如图 4-16 所示。图 4-16（a）为敞开式，容器内的流体仅为液体；图 4-16（b）为封闭式，可在压力下工作。蛇管式换热器可用于管内流体的冷却或冷凝，或槽内流体的加热。其结构简单，但是存在槽内流体流速小，传热系数低，设备较庞大的缺点。

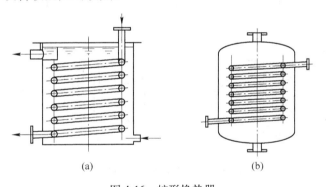

(a)　　　　　　　　　　(b)

图 4-16 蛇形换热器
（a）敞开式容器；（b）封闭式容器

4.2.2 板面式换热器

板面式换热器中，传递热量的固体间壁基本上为平面状，即用平板冲压成各种波纹状或卷制成螺旋状的换热单元，然后将每个换热单元组装而成。

A 板式换热器

板式换热器由一组方形的薄金属换热片构成，用框架将板片固定在支架上。两个相邻板片的边缘衬以垫片压紧，垫片主要由橡胶或压缩石棉制成。板片四角开有圆孔，形成流体的通道。冷、热流体交替在板面两侧流过，通过板片进行换热，其流动方式如图 4-17

所示。一般换热板片厚度仅为 0.5~3mm，其表面通常压制成各种波纹或槽形，既增强了板片的结构强度，又增强了流体的湍流程度，提高换热效率。板式换热器可以用来处理从水到高黏度的液体。

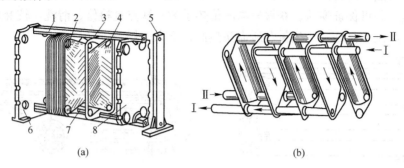

图 4-17 板面式换热器

（a）板式换热器结构分解示意；（b）板式换热器流程示意

1—上导杆；2—垫片；3—换热板片；4—角孔；5—前支柱；6—固定端板；7—下导杆；8—活动端板

板式换热器的主要优点是在低流速下可以获得高的传热系数，其结构紧凑，单位空间的换热面积较大，并且加工制造比较容易，检修、清洗方便。其主要缺点是受垫圈材质的限制，不易密封、承压能力低。

B 螺旋板式换热器

螺旋板式换热器的结构是由两张平行的钢板在专用的卷床上卷制而成，具有一对螺旋通道的圆柱体，再加上顶盖和进出口接管而构成的。如图 4-18 所示，

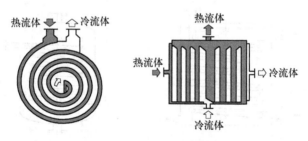

图 4-18 螺旋板式换热器示意图

根据流体在流道内流动方式的不同，螺旋板式换热器可以分为三个基本型号。

Ⅰ型是两种流体均为螺旋流动，如图 4-19（a）所示。这种型号的换热器主要用于液-液之间的换热，通常是冷流体从外周向中心流体，而热流体则相反，从中心向外周流动。两种流体逆向流动可以减少散热损失。

Ⅱ型是一种流体螺旋流动，而另一种流体为轴向流动，如图 4-19（b）所示。这种型号的换热器主要用于气-液、液体-可凝性气体之间的换热。当液体为热流体时，其从中心管向外周流动；当液体为冷流体时，其从外周向中心管流动，皆为螺旋流动。而气体在敞开的流道中为轴向流动。

Ⅲ型是一种流体螺旋流动，而另一种流体是轴向和螺旋流动的组合，如图 4-19（c）所示。这种型号的换热器主要用于液体-蒸汽之间的换热。液体从外周向中心管流动，蒸

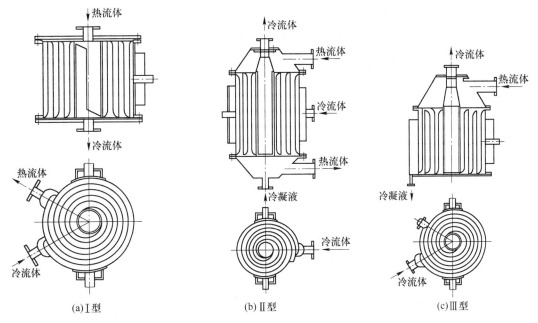

图 4-19　螺旋板式换热器结构形式

汽由上部端盖进入，由流道的敞开部分沿轴向向下流动，并同时冷凝，其冷凝液沿流道下部向外周螺旋流动。

　　螺旋板式换热器的优点是结构紧凑，不用管材，传热系数大，可完全逆流操作，能在较小温差下换热，有自身冲刷防污垢沉积等，缺点是它的阻力比较大，检修和清洗较困难。螺旋板式换热器常用材料为不锈钢和碳钢。

　　C　板翅式换热器

　　板翅式换热器的基本结构是由翅片、隔板和封条三种元件组成的单元体叠加结构，是一种紧凑、轻巧而高效的换热设备，如图 4-20 所示。在两块平隔板之间放一波纹板状的金属导热翅片，两边用侧条密封，构成单元体，对各个单元体进行不同的叠积和适当地排列，焊接构成牢固的组装件，形成板束。通常在板束顶部和底部各留一层起绝热作用的假翅片层，由较厚的翅片和隔板制成，无流体通过。板束上配制导流片、封头和流体出入口

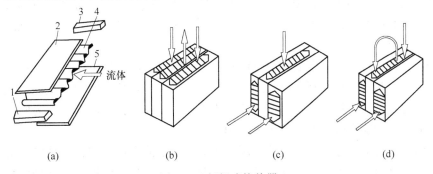

图 4-20　板翅式换热器

(a) 板束结构；(b) 逆流式；(c) 错流式；(d) 错逆流式

1，3—侧板；2，5—隔板；4—翅片

接管即构成一个完整的板翅式换热器。

板翅式换热器的主要优点是换热能力强，结构紧凑、轻巧，单位体积的换热面积大；适应性广，可用于气-气、气-液及液-液换热器。其主要缺点是结构复杂、造价高；流道小、易堵塞；难于清洗和检修困难。

4.2.3   直接接触式换热器

直接接触式换热器又称为混合式换热器，冷、热流体间没有固定的传热层，而是通过不同温度流体的直接混合实现热量的传递。冷却塔是湿法冶金工程中最常用的直接接触式换热器，冷却塔一般由塔体、布液器及风机构成，是一种以空气作为冷却介质，对高温流体进行冷却的换热设备，其结构如图 4-21 所示。

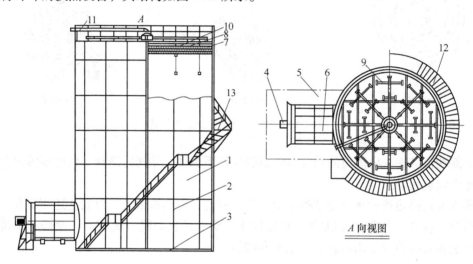

图 4-21   冷却塔

1—圆筒形塔体；2—钢结构塔架；3—塔底；4—风机平台；5—侧吹鼓风机；
6—导风筒；7—托架；8—格栅；9—径向布液器；10—折波布滴器；
11—进液管；12—塔顶平台；13—钢梯

按照通风方式，冷却塔可分为自然通风和强制通风；按被冷却液体和空气流动方向分，可分为逆流式和横流式；按被冷液喷洒成的冷却表面形似分，可分为点滴式、点滴薄膜式、薄膜式和溅水式；按外围结构方式分，可分为敞开式和密闭式；按机械通风形式不同，可分为抽风和鼓风。

冷却塔运行过程中，高温液体由进液管进入分液槽，经均匀分配，流入布液管，再由均匀分布的喷嘴喷淋，空气则在风机的作用下与热液体进行接触实现热量的交换。与间接式换热器相比，冷却塔没有换热间壁，其结构简单，造价较低。冷却塔可为圆形、方形或长方形断面，一般能力较大的冷却塔宜采用长方形。

在湿法冶金锌电积过程中，通常采用冷却塔对电解液进行冷却，以维持电解液温度的稳定，但是根据锌电解液的性质和冷却条件：溶液含酸，具有腐蚀性、含悬浮物、冷却后温度要求比较严格、溶液损失要求小，应采用具有良好捕滴装置的强制鼓风逆流喷水式空气冷却塔。

4.3 换热器的清洗

生产中使用的换热设备经长时间运转后，由于介质的腐蚀、冲蚀、积垢、结焦等原因，使管子内外表面都有不同程度的结垢，甚至堵塞。所以在停工检修时必须进行彻底清洗，常用的清洗（扫）方法有风扫、水洗、汽扫、化学洗清和机械清洗等。一般轻微堵塞和结垢，可用风吹和简单工具穿通（如用 $\phi 8 \sim 12mm$ 螺纹钢筋）即可达到较好的效果。但对严重的结垢和堵塞，如冷凝、冷却器，一般都是由于水质中含有大量的钙、镁离子，在通过管束时水在管子表面蒸发，钙和镁的沉淀物沉积在管壁上形成坚硬的垢层，用一般的方法难以奏效，则必须用化学或机械等清洗方法。

化学清洗是利用清洗剂与垢层起化学反应的方法来除去积垢，适用于形状较为复杂的构件的清洗，如 U 形管的清洗，管子之间的清洗。这种清洗方法的缺点是对金属有轻微的腐蚀损伤作用。机械清洗最简单的是用刮刀、旋转式钢丝刷除去坚硬的垢层、结焦或其他沉积物。在 20 世纪 70 年代，国外开始采用适应各种垢层的不同硬度的海绵球自动清洗设备，得到了较好的效果，也减轻了检修人员的劳动强度。下面介绍几种常见的清洗方法。

4.3.1 酸洗法

酸洗法是用盐酸作为清洗剂，由于酸对钢材基体会有腐蚀，所以酸洗溶液中须加入一定数量的缓蚀剂，以抑制酸对金属的腐蚀作用。酸洗法又分浸泡法和循环法两种。浸泡法是将浓度 15% 左右的酸液缓慢灌满容器，经过一段时间（一般为 20h 以上）将酸液连同被清除掉的积垢一起倒出，这种方法简单、酸液耗量少，但效果差、需用的时间也较长。

循环法是利用酸泵使酸液强制通过换热器，并不断进行循环。循环酸洗法的流程如图 4-22 所示，将冷凝、冷却器管程出入口与酸泵和酸槽连接，在酸槽中配制 6% ~ 8% 的酸液，用蒸汽管加热到 50~60℃，并加入 1% 的缓蚀剂，即可按图示流程进行循环，一般需 10~12h。循环时要经常测定酸的浓度，若浓度下降很快说明结垢严重，应补充新酸保持浓度。如果经循环后酸液浓度下降很慢，返回的酸液中已不见或很少有悬浮状物时，一般认为清洗合格，然后再用清水冲洗至水呈中性为止。这种方法使酸液不断更新，加速了反应的进行，清洗效果好，但需要酸泵、酸槽及其他配套设施，成本较高。

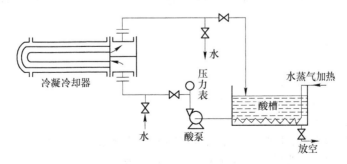

图 4-22 换热器酸洗法流程

4.3.2　机械清洗法

对严重的结垢和堵塞，可用钻的方法疏通和清理。如在一般的钻头上焊一根 $\phi12\sim$ 14mm 的圆钢，圆钢上依钻头的旋向用 10 号镀锌铁丝绕成均匀的螺旋线，每间隔 30-50mm 处焊在圆钢上，然后将圆钢一端伸入管子内，另一端用手电钻带动旋转。这样即可清除管内结焦和积垢，若管内未被堵死，则可同时从另一端用细胶管向管内通水冲洗，效果更好。若管子全部被堵死，则可用管式冲击钻，如图 4-23 所示，用 $\phi2\sim14$mm 的钢管作为钻杆，操作时从同一端边钻边通水，使钻下的积垢被水带出，这种方法对较坚硬的结垢效果较为理想。

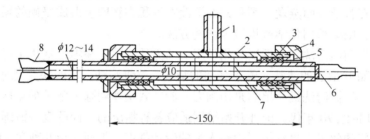

图 4-23　管式冲击钻

1—进水管；2—外套管；3—填料；4—压盖螺母；5—填料压盖；
6—钻杆；7—进水口；8—钻头

4.3.3　高压水冲洗法

高压水冲洗法多用于结焦严重的管束的清洗，如催化油浆换热器。先人工用条状薄铁板插入管间上下移动，使管子间有可进水的间隙，然后用高压泵（输出压力 10~20MPa）向管束侧面喷射高压水流，即可清除管子外壁的积垢。若管间堵塞严重、结垢又较硬时，可在水中渗入细石英砂，提高喷洗效果，如果条件许可先将管束整体放人油中浸泡，使黏着物松软和溶解，将结垢泡胀，更便于高压水冲洗。

4.3.4　海绵球清洗法

海绵球清洗方法是将较松软并富有弹性的海绵球塞入管内，使海绵球受到压缩而与管内壁接触，然后用人工或机械法使海绵球沿管壁移动，不断摩擦管壁，达到消除积垢的目的。对不同的垢层可选不同硬度的海绵球，对特殊的硬垢可采用带有"带状"金刚砂的海绵球。

 思考题

4-1　试用简炼的语言说明热量传递的不同方式及其特点。

4-2　冷、热流体通过固定壁面传热时，其主要环节有哪些？

4-3　传热系数的含义是什么？

4-4　根据热传递方式的不同，换热设备可以分为哪几类，它们各自的特点有哪些？

4-5　间壁式换热器一般可分为哪两类，它们各自的特点有哪些？

4-6　清洗换热器结垢的一般方法有哪些？

5 湿法冶金固-液分离设备

在湿法冶金过程中，要从原来的单一液相中提取（分离）金属（杂质），最为简单的方法就是形成固相沉淀，然后固-液分离达到除杂（富集）的目的。在生产中固体和液体往往混合在一起，形成非均相悬浮液体系，其中固体是分散相，液体是连续相，两者分离时，固体完成高度分散状态向浓缩状态的转变。我们无法完成固-液的完全分离，通常分离得到的液相中残留有固体，固相中残留有液体，只能选择适当的方法，达到相应指标以利于下一步生产的进行。

在湿法冶金中，常用的固-液分离方法基本上有沉降与过滤。（1）沉降。液体运动受制约，而固体颗粒自由运动，依靠自身重力完成的重力沉降，较少用到能源，是一个初步分离过程，通常作为固-液分离的首选手段。（2）过滤：固体颗粒运动受制约，而液体自由运动，通常需要借助外力（比如真空）完成，消耗较多能源，是一个深度分离手段。固-液分离方法及设备分类见表5-1。

表5-1 固-液分离方法及设备分类

项　目	分　类	设　　备
沉降	重力沉降	澄清槽、浓密机
	离心沉降	沉降式离心机、水利旋流器
	重力过滤	砂滤
过滤	压滤	板框压滤机、管式、叶式、带式、螺旋式压滤机等
	真空过滤	板式、管式、鼓式过滤机等
	离心过滤	锥形、筒形过滤机等

5.1 悬浮液的特性

悬浮液的固-液分离主要受悬浮液的浓度、黏度、温度、固-液密度差以及固体颗粒的粒度等性质的影响。

5.1.1 悬浮液的浓度

悬浮液由两相构成，故其物理性质基本上取决于两相的体积比例。当固体含量较低时通常用固体浓度表示它的一般性质，反之则用液体浓度或湿含量表示。

悬浮液的浓度表示方法较多，可以是：

（1）固体质量浓度：悬浮液中干固体的质量与悬浮液质量之比；

$$\frac{m_s}{m_s + m_L} \tag{5-1}$$

（2）固体体积浓度：悬浮液中干固体的体积与悬浮液的体积之比；

$$\frac{m_s/\rho_s}{m_s/\rho_s + m_L/\rho_L} \tag{5-2}$$

（3）液体质量浓度：悬浮液中液体的质量与悬浮液的质量之比；

$$\frac{m_L}{m_s + m_L} \tag{5-3}$$

（4）液体体积浓度：悬浮液中液体的体积与悬浮液的体积之比；

$$\frac{m_L/\rho_L}{m_s/\rho_s + m_L/\rho_L} \tag{5-4}$$

（5）液固体积比：悬浮液中干固体的体积与液体的体积之比；

$$\frac{m_L/\rho_L}{m_s/\rho_s} \tag{5-5}$$

（6）液固质量比：浮液中干固体的质量与液体的质量之比；

$$\frac{m_L}{m_s} \tag{5-6}$$

式中　　m_s，m_L——干固体颗粒、液体的质量，kg；

　　　　ρ_s，ρ_L——干固体颗粒、液体的密度，kg/m^3。

在沉降分离中需要靠固体颗粒的运动，固体浓度越稀，越有利于分离过程的进行。而过滤则相反，在过滤中运动的是液相，所以固体浓度高对分离有利。

5.1.2　悬浮液的黏度

悬浮液中，由于液体分子和固体分子的不断运动，液体分子之间、固体颗粒之间、固体颗粒与液体之间都存在有相互作用力，导致悬浮液的流体力学行为不同于均质液相，要根据体系的浓度来判断黏度的大小。如果悬浮液中固体颗粒的浓度较低（小于10%），固体颗粒的分散良好，可以认为是两相的机械混合物，视为牛顿流体；但由于固体颗粒与液体之间有黏滞力的作用，使得悬浮液的黏度增加，其黏度与固体颗粒的体积浓度有关。爱因斯坦基于力学原理，在假定颗粒为刚性球体、粒径较小且颗粒体积浓度小于8%的条件下，导出悬浮液黏度与固体体积浓度的关系如下：

$$\mu = \mu_L(1 + 2.6W) \tag{5-7}$$

式中　　μ，μ_L——悬浮液和液体的黏度，Pa·s；

　　　　W——悬浮液中的固体体积浓度。

原苏联学者也曾提出表述选矿或湿法冶金中矿浆黏度的修正经验式，即：

$$\mu = \mu_L(1 + 4.5W) \tag{5-8}$$

5.1.3　悬浮液的温度

通常，温度越高，黏度越小的悬浮液越容易分离，但温度过高，也会带来不良影响，如发生二次化学反应等，增加分离的困难程度。例如：在氧化铝生产过程中，泥浆温度高，赤泥沉降性能良好，但温度过高，会促使赤泥泥浆二次反应，损失加大，同时也影响赤泥的硬结；温度太低，又易引起赤泥的膨胀，影响沉降速度。在硫酸锌浸出液的净化过程中，矿浆温度高，硫酸锌溶液黏度降低，有利于固-液分离，但是高温又会导致镉的复溶，增加锌粉消耗量。因此，悬浮液的温度控制要根据实际生产确定，在不引起危害的情况下尽可能提高温度。

5.1.4 悬浮液中液体与固体的密度差

悬浮液中固体与液体的密度差是影响沉降分离的主要因素，密度差与固体粒度的大小有关系。如果固体体积浓度最高，颗粒粒度最小，密度最低，则该悬浮液处于最不利于沉降分离的条件。在悬浮液中，固体、液体的密度差越大分离就越容易，反之分离就越困难。

5.1.5 固体悬浮物的粒度

固体悬浮物的粒度指固体颗粒的粒径。粒度越大，沉降时的速度越快，过滤时形成的滤饼孔隙率越大，滤饼的阻力越小，过滤效率也越高，越易于分离。而在溶液中会存在一些颗粒小于 $1\mu m$ 的细小微粒，呈胶体状。胶体粒子在溶液中作布朗运动，重力场对它几乎没有任何作用，过滤也不能完成它们和液体的分离。目前处理这类胶体溶液最有效的手段是添加适量的絮凝剂，使悬浮液中呈胶体状分散的颗粒凝聚成大的絮团，增加固-液密度差，以促使其快速沉降。

目前向矿浆中添加的絮凝剂基本有如下三类：

（1）无机絮凝剂：石灰、硫酸、盐酸等酸碱（主要用于调节 pH 值）、聚铝化合物、明矾、硫酸亚铁、三氯化铁、氯化绿矾等。

（2）天然高分子絮凝剂：多糖物质，如马铃薯、玉米粉、红薯粉、丹宁等，含蛋白质物质的明胶、动物胶等。

（3）合成高分子絮凝剂：离子和非离子型高分子聚合物，如聚丙烯酰胺、羧基纤维素和聚乙烯基乙醇等。

5.2 悬浮液的沉降分离

悬浮液的沉降分离是指在某种力场中，利用分散相和连续相之间的密度差异，使之发生相对运动而实现分离的操作过程。实现沉降操作的作用力可以是重力，也可以是惯性离心力。因此，沉降过程有重力沉降和离心沉降两种方式。

5.2.1 沉降分离基本理论

5.2.1.1 重力沉降

A 重力沉降过程

重力沉降固液分离只是一个物理过程。在悬浮液中，当固体含量很少时，固体颗粒沉降不受其他颗粒的干扰。这种沉降称为自由沉降，而当悬浮液固体含量高时，每个颗粒的沉降都受到周围颗粒的影响，这种沉降则称为干涉沉降。悬浮液中固、液两相在重力作用下分离既经历了自由沉降，又经历了干涉沉降，其过程可以通过间歇沉降实验来进行考察，实验图解如图 5-1 所示，通常用澄清液面随时间的改变来表示沉降速度。

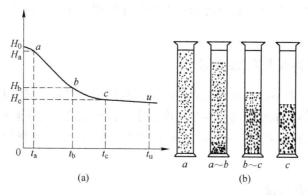

图 5-1　间歇沉降实验图解

(a) 沉降曲线；(b) 沉降过程

把摇匀的浓度较低的悬浮液倒进量筒内（假设固体颗粒尺寸及形状相差不大，并且忽略量筒器壁对颗粒沉降的影响），只要不是细粒胶体，固体颗粒将开始自由沉降，粗粒的沉降速度快于细粒而先期到达玻璃筒底部。如果固体浓度较高，则会以粗粒子夹带细粒子同步下沉，最后表现为其沉降面以等速下降，直至沉降曲线的 b 点。如图 5-1 (b) 左起第二个量筒，其上部有部分澄清溶液，底部有少量浓相积累，中间区域为等浓度混合区，清液与等浓度区之间的界限明显，而等浓度区和浓相区无明显界限。在后续一段时间内，由于悬浮液中的固相浓度增加，沉降速度将受固体浓度的影响，并随固体浓度的增加而降低，由此进入干涉沉降阶段，如图 5-1 (a) 中的 $b\sim c$ 段，为沉降减速阶段，此时对应图 5-1 (b) 中左起第三个量筒内，清液区增大，悬浮液上部处于干涉沉降的区域，下部的大部分则已是浓相区，干涉沉降过程将继续至 c 点结束，此后即进入矿浆等速压缩阶段，如图 5-1 (b) 中第四个量筒的状态，此时清液区与压缩区形成清晰界面，达到"临界沉降点"。在整个沉降过程中，$t_{c\sim u}>t_{a\sim b}>t_{b\sim c}$，因此压紧过程所需的时间最多，而 c 点以后，沉降界面下降的速度，远低于 $a\sim b$ 之间恒速沉降的速度。

在生产中，如果是获得清液的澄清作业，操作的重点应放在控制澄清液面沉降的速度上；如果是浓密作业，则操作的重点在于取得更稠厚的产品上，因此需要有足够的压缩时间。

B　自由沉降速度计算

若将表面光滑的刚性球形颗粒置于静止的流体介质中，颗粒的密度大于流体的密度，且无其他干扰，则颗粒将在流体中自由沉降。此时，颗粒受到三个力的作用，即向下的重力 F_g、向上浮力 F_f 和阻力 F_d。

颗粒在三种力的作用下运动，根据牛顿第二运动定律，其运动方程表示为：

$$F_g - (F_f + F_d) = ma \tag{5-9}$$

又

$$F_g = \frac{4}{3}\pi r^3 \rho_s g = \frac{1}{6}\pi d^3 \rho_s g \tag{5-10}$$

$$F_f = \frac{4}{3}\pi r^3 \rho_L g = \frac{1}{6}\pi d^3 \rho_L g \tag{5-11}$$

$$F_{\mathrm{d}} = C_{\mathrm{d}} \cdot \frac{\pi d^2}{4} \cdot \frac{\rho_{\mathrm{L}} v_0^2}{2} \tag{5-12}$$

将式（5-10）~式（5-12）代入式（5-9），整理后可以得到颗粒的自由沉降速度为：

$$V_0 = \sqrt{\frac{4d(\rho_{\mathrm{s}} - \rho_{\mathrm{L}})g}{3C_{\mathrm{d}}\rho_{\mathrm{L}}}} \tag{5-13}$$

式中　r——颗粒半径，m；

　　　d——颗粒直径，m；

　ρ_{s}，ρ_{L}——颗粒和液体的密度，kg/m^3；

　　　C_{d}——阻力系数；

　　　g——重力加速度，9.81m/s^2；

　　　v_0——颗粒的自由沉降速度，m/s。

由式（5-14）可知，球形颗粒的自由沉降速度 V_0 不仅与颗粒的直径和密度、流体的密度有关，而且还与流体对颗粒的阻力系数有关。阻力系数 C_{d} 反映颗粒运动时流体对颗粒的阻力大小，它是颗粒与流体相对运动时雷诺数 Re 的函数。雷诺数是流动体系中惯性力与黏性力之比值，$Re = \dfrac{dv_0\rho_{\mathrm{L}}}{\mu}$，式中 μ 为流体的黏度，Pa·S。刚性球体的阻力系数 C_{d} 与雷诺数 Re 在三种流动形态下的关系表达式为：

（1）层流区（$Re < 1$）：

$$C_{\mathrm{d}} = \frac{24}{Re} \tag{5-14}$$

（2）过渡区（$1 < Re < 10^3$）：

$$C_{\mathrm{d}} = \frac{18.5}{Re^{0.6}} \tag{5-15}$$

（3）湍流区（$10^3 < Re < 2\times10^5$）：

$$C_{\mathrm{d}} = 0.44 \tag{5-16}$$

将式（5-14）、式（5-15）及式（5-16）分别代入式（5-13）中，则得到刚性颗粒在各流动形态下自由沉降速度的计算公式：

（1）层流区（$Re < 1$）：

$$v_0 = \frac{(\rho_{\mathrm{s}} - \rho_{\mathrm{L}})g}{18\mu}d^2 \tag{5-17}$$

（2）过渡区（$1 < Re < 10^3$）：

$$v_0 = 0.2\left(g\frac{\rho_{\mathrm{s}} - \rho_{\mathrm{L}}}{\rho_{\mathrm{L}}}\right)^{0.72}\frac{d^{1.18}}{\left(\dfrac{\mu}{\rho_{\mathrm{L}}}\right)^{0.45}} \tag{5-18}$$

（3）湍流区（$10^3 < Re < 2\times10^5$）：

$$v_0 = 1.74\sqrt{\frac{d(\rho_{\mathrm{s}} - \rho_{\mathrm{L}})g}{\rho_{\mathrm{L}}}} \tag{5-19}$$

从式（5-17）~式（5-19）中可以看出，自由沉降速度与颗粒的直径和密度有关，直径越大，自由沉降速度就越大。在层流与过渡流中，自由沉降速度还与流体的黏度有关，而在湍流中，自由沉积速度与黏性黏度无关。根据以上三个式子，采用试差法，可以求出相应的自由沉降速度，即：假设沉降属于某一流动型态，选用该型态的计算公式得出 V_0 值，通过 V_0 核算雷诺准数 Re 是否在假设的范围，如果相符，假设成立，自由沉降速度正确，如果不相符，重新假设并计算 V_0 和核算 Re。

例 5-1　一个直径为 $0.05mm$、密度为 $7800kg/m^3$ 的钢珠在 $20℃$ 的水中沉降，已知 $20℃$ 水的密度 $\rho = 998.2kg/m^3$，$\mu = 1.0×10^{-3}Pa·s$，试求钢珠的自由沉降速度。

解： 假设流型为层流，则根据公式（5-17）计算：

$$v_0 = \frac{(\rho_s - \rho_L)g}{18\mu}d^2 = \frac{(7800 - 998.2) × 9.81}{18 × 1.0 × 10^{-3}} × (0.05 × 10^{-3})^2 = 0.01m/s$$

核算流型：

$$Re = \frac{dv_0\rho}{\mu} = \frac{0.05 × 10^{-3} × 0.01 × 998.2}{1.0 × 10^{-3}} = 0.49 < 1$$

故假设正确，因此，$v_0 = 0.01m/s$。

例 5-2　一个直径为 $1.5mm$，密度为 $1450kg/m^3$ 的塑料小球在 $50℃$ 的水中沉降，已知 $50℃$ 水的密度 $\rho = 988kg/m^3$，$\mu = 0.5494×10^{-3}Pa·s$，求塑料小球的自由沉降速度。

解： 假设流型为层流区，根据公式（5-17）计算：

$$v_0 = \frac{(\rho_s - \rho_L)g}{18\mu}d^2$$

$$= \frac{(1450 - 988) × 9.81}{18 × 0.5494 × 10^{-3}} × (1.5 × 10^{-3})^2 = 1.03m/s$$

核算流型：

$$Re = \frac{dv_0\rho_L}{\mu} = \frac{(1.5 × 10^{-3}) × 1.03 × 988}{0.5494 × 10^{-3}} = 2785.32 > 1$$

颗粒沉降不在层流区域，再假设颗粒在过渡区域沉降，根据公式（5-18）计算：

$$v_0 = 0.2\left(g\frac{\rho_s - \rho_L}{\rho_L}\right)^{0.72}\frac{d^{1.18}}{(\mu/\rho_L)^{0.45}}$$

$$= 0.2 × \left(9.81 × \frac{1450 - 988}{988}\right)^{0.72} × \frac{(1.5 × 10^{-3})^{1.18}}{(0.5494 × 10^{-3}/988)^{0.45}}$$

$$= 0.18m/s$$

核算流型：

$$Re = \frac{dv_0\rho_L}{\mu} = \frac{(1.5 × 10^{-3}) × 0.18 × 988}{0.5494 × 10^{-3}} = 502$$

Re 的范围在 $1~10^3$ 之间，故第二次假设正确，因此，$v_0 = 0.18m/s$。

通常，湿法冶金沉降过程中所涉及的固体颗粒直径 d 一般很小，计算自由沉降速度常用的是层流区公式 $v_0 = \frac{(\rho_s - \rho_L)g}{18\mu}d^2$。

5.2.1.2 离心沉降

A 离心沉降速度

固体颗粒在流体带动下做圆周运动时，颗粒的惯性离心力使它脱离圆周轨道沿切线飞离圆心，而向心力的存在又使得颗粒只能不断改变方向无法真正脱离轨道，向心力与离心力大小相等方向相反，由于重力的存在，颗粒沿圆周运动半径方向做沉降运动。设在半径 r 处流体的圆周方向切向速度为 v_t，颗粒在离心场中受到的离心力为：

$$F_c = mr\omega^2 = \frac{1}{6}\pi d^3 \rho_s r\omega^2 = \frac{1}{6}\pi d^3 \rho_s \frac{v_t^2}{r} \tag{5-20}$$

方向为径向向外。

颗粒在离心场中受到的向心力类似于颗粒在重力场中受到的浮力，等于同体积的流体团在该位置上所受到的离心力，方向为径向向内：

$$F = \frac{1}{6}\pi d^3 \rho_L r\omega^2 = \frac{1}{6}\pi d^3 \rho_L \frac{u_T^2}{r} \tag{5-21}$$

离心沉降过程中，颗粒还将受到流体阻力的作用，方向为径向向内：

$$R = C_d \frac{1}{4}\pi d^2 \frac{\rho_L v_r}{2} \tag{5-22}$$

式中　F_c——离心力，N；

　　　ω——角速度，rad/s；

　　　r——旋转半径，m；

　　　d——颗粒直径，m；

ρ_s，ρ_L——颗粒、流体密度，kg/m³；

$\dfrac{v_t^2}{r}$——离心加速度，m/s²；

　　　v_r——颗粒与流体在径向上的相对速度，m/s。

从式（5-21）得到，要增大离心力可以提高角速度 ω，也可以增大旋转半径 r，一般来讲，提高 ω 比增大 r 更为有效。若颗粒在某一时刻受到的上述 3 个力达到平衡，v_r 便是它在该位置上的离心沉降速度，有：

$$\frac{1}{6}\pi d^3 \rho_s r\omega^2 = \frac{1}{6}\pi d^3 \rho_L r\omega^2 + C_d \frac{1}{4}\pi d^2 \frac{\rho_L v_r}{2} \tag{5-23}$$

整理后得：

$$v_r = \sqrt{\frac{4d(\rho_s - \rho)}{3\rho C_d} r\omega^2} \tag{5-24}$$

与重力自由沉降速度相比较，需要注意的是，重力沉降速度是一定的，而离心沉降速度随着颗粒在半径方向上的位置不同会发生变化，它只是颗粒运动的绝对速度在径向上的分量。当流体带着颗粒旋转时，颗粒在惯性离心力作用下沿着切线方向通过运动中的流体甩出，逐渐离开旋转中心。因此，颗粒在旋转流体中的运动，实际上是沿着半径逐渐增大的螺旋轨道前进的。在不同的流动形态中，离心沉降速度的计算公式与重力沉降的计算公式类似，只需要把重力加速度换为离心加速度即可。

　　B　离心分离因数

　　在工程中，通常用离心分离因数 K_c 来表示离心力的大小，K_c 越大，表明离心分离设备性能越好。离心分离因数是指同一颗粒在同一种介质中的离心沉降速度与重力沉降速度的比值。

$$K_c = \frac{v_r}{v_0} = \frac{d^2(\rho_s - \rho_L)}{18\mu} r\omega^2 \bigg/ \frac{d^2(\rho_s - \rho_L)}{18\mu} g = \frac{r\omega^2}{g} = \frac{v_t^2}{rg} \qquad (5\text{-}25)$$

　　离心分离因数与旋转半径、角速度及切向速度有关。若某一旋转角速度 $\omega = 40\text{rad/s}$，旋转半径为 0.7m，其分离因数 K_c 为 114，说明在同一介质中，离心沉降速度是重力沉降速度的 114 倍，所以采用离心沉降的固-液分离效果远远好于重力沉降。

　　离心分离设备按分离因素大小可分为：

　　（1）低速离心设备（ $K_c < 3000$ ）；

　　（2）高速离心设备（ $K_c = 3000 \sim 50000$ ）；

　　（3）超高速离心设备（ $K_c > 50000$ ）。

　　湿法冶金中使用低速离心机已可达到固-液分离要求。

5.2.2　沉降分离设备

5.2.2.1　重力沉降设备

　　重力沉降设备的类型较多，但其结构形式大同小异，按照不同方式的分类见表 5-2。

表 5-2　重力沉降设备分类表

序号	分类方式	沉　降　设　备
1	设备操作方式不同	间歇式沉降槽 连续式沉降槽
2	悬浮液流动方向不同	平流式沉降槽 辐流式沉降槽 { 单层沉降槽　多层沉降槽 竖流式沉降槽
3	工件原理不同	闭式沉降槽 开式沉降槽 连接式沉降槽 平衡式沉降槽
4	按刮泥机构传动形式不同	中心传动沉降槽 周边传动沉降槽

　　沉降槽是用来提高悬浮液浓度并同时得到澄清液体的重力沉降设备，沉降槽又称浓密机或增浓器。沉降槽的生产能力与沉降槽的槽帮高度无关，而仅取决于沉降速度和槽体的沉降面积。所以，现代沉降槽的构造基本都是做成槽帮较浅、槽体自由沉降面积尽量增大

的结构。

按设备的操作方式分，间歇完成固-液分离的沉降槽称为间歇式沉降槽，其特点是将悬浮液注入槽内，需要静止足够时间才能以使悬浮粒降到槽底，产出清液和沉渣，然后通过转臂式虹吸管吸出澄清液，沉渣用人力或机械取出，或者从底流排出口排出。这种设备适用于浆液量不大，数量随时间变化大，间歇供料的情况。设备基本结构如图 5-2 所示。

连续式沉降槽，如图 5-3 所示，是连续注入悬浮液、连续排出澄清液和沉渣的分离设备，相比于间歇式沉降槽，它的机械化程度高，管理方便，现已广泛用于湿法冶炼厂。

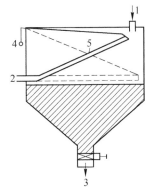

图 5-2 间歇式沉降槽

1—进料管；2—上清液出口；3—浓泥排出口；
4—滑轮；5—转臂式虹吸管

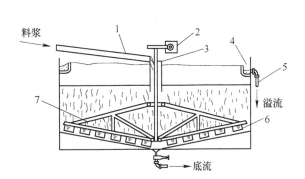

图 5-3 连续式沉降槽

1—进料槽道；2—转动机构；3—料井；4—溢流槽；
5—溢流管；6—叶片；7—转耙

A 单层沉降槽

a 悬挂式中心传动单层连续沉降槽

如图 5-4 所示为悬挂式中心传动单层连续沉降槽结构示意图，主要由锥形槽底、圆桶形槽体、工作桥架、刮泥机构传动装置、传动立轴、立轴提升装置、刮泥装置（刮臂和刮板）等部分组成。由于该设备刮泥装置的重量和转矩均由工作桥架承受，所以称为悬挂式中心传动沉降槽。

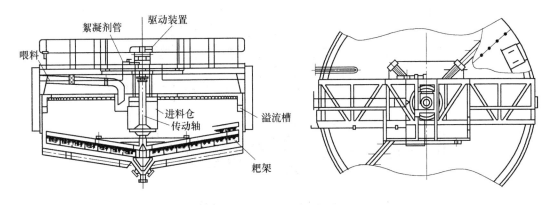

图 5-4 悬挂式中心传动单层连续沉降槽示意图

　　该沉降槽的工作过程是：悬浮液通过进料管道加到进料筐内，经中心进料筐布水后，在尽可能减小扰动的条件下，澄清液流沿径向以逐渐减小的流速向沉降槽的周边散去，并向上流动，清液由槽顶端四周的溢流堰连续流出，称为溢流；悬浮液中悬浮颗粒在重力作用下下沉至底部，然后由刮板刮集，经底流排出口连续排出。刮泥装置一般是由成十字形的四条刮臂组成，刮臂固定在立轴端部，在刮臂底部装有许多与刮臂成45°角的刮板。为了促进底流的压缩而又不致引起搅动，刮板的运行要求缓慢。生产进行一段时间后，如果刮臂的负荷太大或者槽底需进行清理时，可通过立轴顶部的提升装置将它提起。当连续式沉降槽的操作稳定之后，槽内各区的高度将保持不变，如图5-5所示。

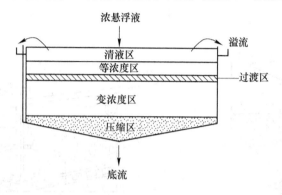

图5-5　连续沉降槽的沉降区示意图

b　向心中心传动单层辐流沉降槽

　　如图5-6所示为向心中心传动单层辐流沉降槽结构示意图。向心辐流式沉降槽与一般中心传动沉降槽的不同之处在于：一般中心传动沉降槽都是槽子中央进悬浮液，在槽周边溢流出上清液，而向心辐流沉降槽正好相反，是从槽子周边进悬浮液，而在接近中心的槽面流出上清液。向心辐流式沉降槽的入流区在构造上有两个特点：（1）进液槽断面较大而槽底孔口较小，布水时的水头损失集中在孔口上，故布水较为均匀；（2）进水挡板的下沿深入液面约2/3处，离进水孔口有一段较长的距离，这有助于进一步将悬浮液均匀地分布在整个入流区的过水断面上。槽子的出水槽长度约为进水槽长度的1/3左右，槽中的液流

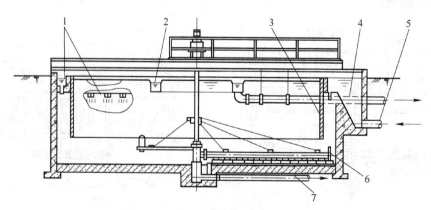

图5-6　向心中心传动单层辐流沉降槽示意图
1—进水槽；2—出水槽；3—进水挡板；4—溢流管；5—进水管；6—刮泥装置；7—排泥管

速度由低到高，有助于液流的稳定。

c 周边传动沉降槽

周边传动沉降槽根据旋转桁架结构分为半跨式和全跨式两种。如图5-7所示为半跨式周边传动沉降槽，只有一套传动机构。全跨式则有横跨槽径的工作桥，桥端各有一套传动机构，并有对称的刮板。

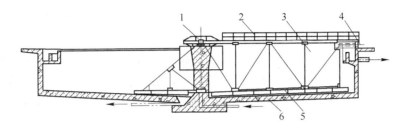

图5-7 周边传动沉降槽结构示意图
1—中心旋转支座；2—栏杆；3—旋转桁架；4—传动装置；5—刮板；6—槽体

悬浮液和泥渣都从槽体中央支柱下部开设的管道进入及排出，中央支柱还起着支承旋转桥架的作用，在其顶部设置专门的中心旋转支座，以使刮泥装置顺利绕其旋转。槽子圆周为刮泥机构传动装置行走轨道的安装基础，通过传动使滚轮在槽周走道平台上作圆周运动，也可采用实心橡胶轮直接在槽缘混凝土面上行走。

d 深锥浓密机

深锥浓缩机也称膏体浓密机，如图5-8所示，得到的底流产品浓度很高，主要由深锥、给料装置、搅拌装置、控制箱、给料装置和自动控制系统等组成。其结构特点是池深大于池直径，整机呈立式圆锥形。矿浆一般经过给料桶絮凝后进入浓相沉积层，通过浓相沉积层的再絮凝、过滤、压缩作用，澄清的溢流水从上部溢流堰排出，下部锥底排出高浓度的底流。这种设备处理能力，与耙式沉降槽相比，具有占地少、自动化程度高等优点。

B 多层沉降槽

多层沉降槽相当于将几个单层沉降槽重叠起来，各层的进料与出料平行，各层

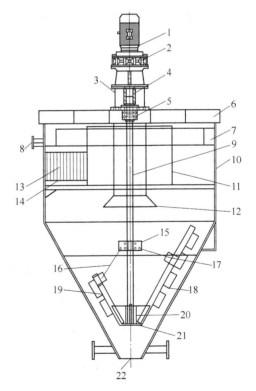

图5-8 深锥浓密机结构示意图
1—电机；2—减速机；3—减速底座；4—连接套；
5—轴承座；6—桥体；7—溢流槽；8—溢流管；
9—主轴；10—仓体；11—支撑筒；12—稳流筒；
13—PVC板；14—斜板架；15—夹子；16—拉筋；
17—吊耳；18—长耙；19—短耙；20—半月环；
21—十字头；22—出料口

由下料筒分别进料，下料筒插入泥浆中形成泥封，使下一层的清液不至于通过下料筒而进入上一层。清液沿着第一层最上部边缘设置的溢流口流出，各层之间悬浮液是相连的，如图5-9所示。

用于处理热碱溶液的多层沉降槽，其槽体用钢板制成，设置有保温层及密封盖，把它装设在厂房内时，优点明显：

（1）多层沉降槽每一层的底板同时也是下一层的顶盖，而工作桥架、立轴及传动装置为多层共用。

（2）多层沉降槽的基础、桥架及槽体圆锥部分的高度，与同直径单层沉降槽的相应结构参数基本没有区别，只是槽体圆柱部分总高度按层数成比例增加。多层沉降槽的金属结构重量与安装所用的厂房金属结构的质量及厂房的面积与容积，都比同样生产率的单层沉降槽小。

（3）多层沉降槽的冷却面积较单层沉降槽小，不仅能适当降低保温费用，而且减少热量损失，节约能耗。

在多层沉降槽中，分有双层结构、三层结构及四层、五层结构等，如图5-9所示是氧化铝生产中采用的悬挂式中心传动五层赤泥沉降槽结构示意图。

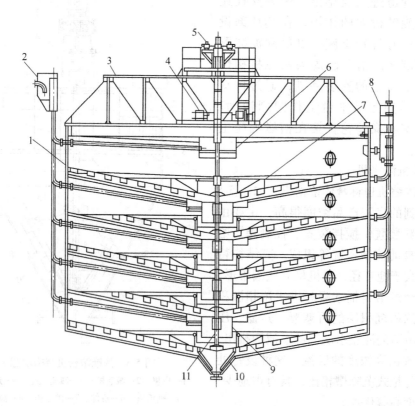

图 5-9　悬挂式中心传动五层赤泥沉降槽结构示意图

1—槽体；2—加料管；3—工作桥架；4—传动装置；5—提升装置；6—进料筐；
7—刮泥装置；8—清液溢流装置；9—下渣筒；10—集泥槽；11—传动立轴

5.2.2.2 离心沉降设备

水力旋流器（旋液分离器）是利用离心沉降原理分离悬浮液中固-液两相的设备，它也可作为分级设备使用。水力旋流器由圆筒部分和锥体部分所构成，如图 5-10 所示。在圆筒上部有进料管沿切线方向将矿浆导入，在圆筒中部有溢流出口管，锥体的尾部有排渣口，料浆进入之后在圆筒部分高速旋转，沿筒壁一面作圆周运动，一面向下运动，固体颗粒的密度较液体大，在旋转时受更大的离心力作用。颗粒沿器壁向下运动到达排渣口，成为底流而排出，清液由上部中心溢流口出去。水力旋流器的特点是圆筒直径小而圆锥部分长，小直径的圆筒有利于增大惯性离心力，提高沉降速度，同时，锥形部分加长可增大液流行程，从而延长悬浮液在器内的停留时间。

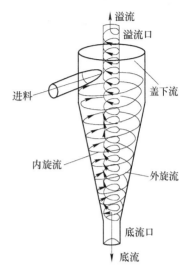

图 5-10 水力旋流器结构示意图

5.3 悬浮液的过滤分离

5.3.1 过滤基本概念和过滤方程

重力沉降操作的时间较长，对于一些需要及时进行固-液分离的物料来说不能满足要求，且重力沉降分离得到的液体中悬浮的固体颗粒较多，过滤操作则可使悬浮液的分离更迅速、更彻底。

过滤的基本原理是：在外力的作用下，液固两相悬浮液通过多孔性介质（过滤介质）使液、固两相分离，其中液体透过介质，而固体颗粒则截留在介质上，从而达到液固分离的目的。实现过滤操作的外力可以是重力、压强差或惯性离心力。

过滤时使用到的过滤介质主要有：（1）织物介质（滤布），包括由棉、毛、丝、麻等天然纤维及合成纤维制成的织物；（2）多孔金属；（3）各种固体颗粒（细砂、木炭、石棉、硅藻土、无烟煤、瓦砾等）；（4）多孔非金属固体物四类。在过滤过程中，过滤介质实际上是滤饼的支撑物，滤饼层才起真正的过滤作用。良好的过滤介质应满足过滤阻力小，滤饼容易剥离，不易发生堵塞；耐高温、腐蚀，容易加工，廉价易得等要求。工业中使用最广泛的过滤介质是织物介质。

过滤过程中，悬浮液受到外力推动通过滤饼和滤布，一开始受到滤布的阻力，然后有固体颗粒被截留，流体从截留的颗粒之间的空隙中流过，因固体颗粒的不断沉积，滤饼形成并不断增厚，滤饼对流体的阻力越来越大。此外，流体流动还要克服内部的摩擦力，因此，当推动力远远大于流体所受各种阻力时，过滤能够快速进行，推动力无法克服这些阻力时，过滤不能进行。流体的内摩擦力与流体的黏度有关，过滤介质对流体的阻力与介质材料、结构、厚度有关，滤饼对流体的阻力在大多数情况下主要决定于滤饼的厚度及其特性，而滤饼孔隙率是粒状床层的一项重要特性，孔隙率的数值与颗粒的形状、颗粒粒度分布、颗粒表面的粗糙度、颗粒直径与床层直径的比值以及颗粒的充填方法等有关。流体在过滤时的受力情况如图 5-11 所示。

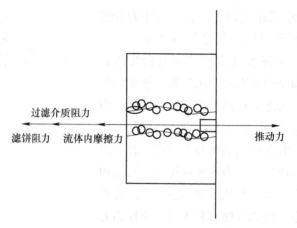

图 5-11　流体过滤受力情况

当含有胶体的悬浮液过滤时，因颗粒的形状及颗粒间的孔道随压强变化而改变滤孔，颗粒往往会堵塞滤布。为改变这种状况，通常会加入一种性质坚硬，在一般压强下不变形的粒状物质——助滤剂，如硅藻土、活性炭、石棉等。助滤剂表面有吸附胶体的能力，而且颗粒细小坚硬，压缩性很小，由助滤剂构成的床层具有很大的孔隙率，因此，它能防止胶体颗粒对滤孔的堵塞。虽然助滤剂的存在使滤饼阻力减小，但是助滤剂也会使滤饼加厚，所以助滤剂的加入量应当适量。助滤剂的应用一般只限于滤液价值较高而滤饼是废物的一些操作中，对于一些难过滤的物料，可以在过滤之前，在过滤介质上预涂一层厚的助滤剂，然后利用这个预涂层进行过滤。助滤剂应满足：是能形成多孔饼层的刚性颗粒，使滤饼有良好的渗透性及较低的流动阻力；具有化学稳定性，不与悬浮液发生化学反应，也不溶于液相中；在过滤操作的压强差范围内，具有不可压缩性，以保持滤饼有较高的孔隙率。

5.3.1.1　过滤速度基本方程式

鲁恩的过滤速度基本方程式为：

$$q = \frac{\mathrm{d}V_z}{A\mathrm{d}\theta} = \frac{\mathrm{d}V}{\mathrm{d}\theta} = \frac{p}{\mu(R_e + R_m)} = \frac{p - p_0}{\mu R_e} \tag{5-26}$$

式中　q——任意时间 $\theta(\mathrm{s})$ 所对应的过滤速度，或称滤液的流速，m/s；

　　　A——过滤面积，m²；

　　　θ——时间，s；

　　　V——单位面积的滤液量，m³/m²；

　　　V_z——总滤液量，m³；

　　　p——过滤压，Pa；

　　　p_0——介质与滤饼界面处的压力，Pa；

　　　μ——滤液的黏度，Pa·s；

R_e——单位面积滤饼的阻力，m^{-1}；

R_m——单位面积过滤介质的阻力，m^{-1}。

设滤饼的阻力 R_e 与滤饼中的固体质量 W 成比例，则用"被过滤的料浆质量=滤液质量+湿润滤饼质量"的关系，可得：

$$R_e = \alpha_{av} W = \alpha_{av} \frac{c_s \rho L}{1 - c_s - m' c_s} \frac{V_z}{A} = \alpha_{av} c_s \rho V (1 - c_s - m' c_s) \tag{5-27}$$

$$R_m = \alpha_{av} W_m = \alpha_{av} \frac{c_s \rho L}{1 - c_s - m' c_s} \frac{V_{mz}}{A} = \alpha_{av} c_s \rho_L V_m (1 - c_s - m' c_s) \tag{5-28}$$

式中　α_{av}——滤饼的平均过滤比阻力，m/kg；

W——单位面积滤饼内的固体质量，kg/m^2；

W_m——单位面积过滤介质阻力等效的假设的滤饼内的固体质量，kg/m^2；

V_{mz}——穿过介质假想滤液的总体积，m^3；

V——单位过滤面积的滤液量，m^3/m^2，$V = \dfrac{V_z}{A}$；

V_m——过滤介质等效的单位面积滤饼的假想滤液量，m^3/m^2，$V_m = \dfrac{V_{mz}}{A}$；

ρ_L——滤液的密度，kg/m^3；

c_s——料浆中固体的质量浓度；

m'——滤饼的湿、干质量比，$kg_{液}/kg_{固}$。

滤饼的平均过滤比阻力：

$$\alpha_{av} = \alpha_0 + \alpha_1 (p - p_0)^n \approx \alpha_0 + \alpha_1 p^n \tag{5-29}$$

式中　α_0，α_1——实验常数；

n——滤饼的压缩系数，常数。

当 $n = 0$ 时，为不可压缩滤饼；当 $0 < n < 1$ 时为可压缩滤饼。一般来说，α_{av} 在 $10^{11} kg/m^2$ 以下为阻力小、易过滤滤饼；α_{av} 在 $10^{12} \sim 10^{13} kg/m^2$ 之间为中等过滤阻力滤饼；α_{av} 在 $10^{13} kg/m^2$ 以上，为阻力很大，难过滤的滤饼。

5.3.1.2　恒压过滤方程

恒压过滤在工业中最常见，连续式过滤机的过滤一般都属于恒压过滤。由多相过滤理论及其各项方程式推导得出的滤饼过滤工艺参数间的相互关系式为：

$$\frac{d\theta}{dV_z} = \frac{\mu G}{A^2 k_0 J_0 \Delta p_e} V_z \tag{5-30}$$

式中　G——常数，$G = \dfrac{c}{(1 - \varepsilon_{av}) \rho_s}$；

k_0——滤饼与过滤介质界面处的渗透系数；

J_0——滤饼与过滤介质界面处的无量纲压力梯度；

Δp_e——滤饼两侧的压力降，Pa；

c——获取单位体积滤波而产生的滤饼质量，kg/m^3；

ε_{av}——平均孔隙率。

5.3.2　过滤设备

和沉降设备一样，过滤设备的种类很多，分类方法也很多，按照操作方式不同，可以分为间歇式过滤机和连续式过滤机；按照推动力的不同，又可以分为加压过滤机、离心过滤机和真空过滤机。

5.3.2.1　加压过滤机

压滤机根据设备操作方式不同，同样可以分为间歇式压滤机和连续式压滤机。间歇式压滤机的生产是周期性进行的，一般分为给料过滤、滤饼洗涤、压榨脱水、卸料和冲洗滤布五个阶段，它们按照时间顺序依次完成。连续式压滤机的给料和排料同时进行，其结构较复杂，目前不如间歇式压滤机使用普遍。

湿法冶金中，常用的压滤机有板框压滤机、厢式过滤机、加压叶滤机、带式压滤机等。

A　板框压滤机

板框压滤机是间歇式过滤机中应用得最广泛的一种。板框压滤机的类型，根据出液方式不同可分为明流式和暗流式；根据板框的安装方式不同可分为卧式和立式；根据板框的压紧方式不同可分为手动螺旋压紧、机械（电动）螺旋压紧、液压压紧或自动操作；根据滤布安装方式不同可分为滤布固定式和滤布行走式等。

一般的板框压滤机，由多个带凹凸纹路的滤板、中空的滤框交替排列而组成，每一滤板与滤框间夹有滤布，将压滤机分成若干个单独的滤室，通过转动机头螺旋使板框紧密接合，如图 5-12 所示。板框压滤机主要由压紧装置、头板、滤框、滤板、滤布、尾板以及分板装置及支架等组成。滤板和滤框一般制成正方形，板和框的角端均开有圆孔，装合、压紧后即构成供滤浆、滤液或洗涤液流动的通道。

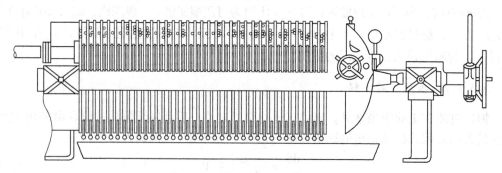

图 5-12　板框压滤机结构示意图

板框压滤机操作时原料液在压力作用下自滤框上的孔道进入滤框，滤液通过附于滤板上的滤布，沿板上沟渠自板上小孔排出，所生成的滤渣留在框内形成滤饼。当滤框被滤渣充满后，放松机头螺旋，取出滤框，将滤饼除去，然后将滤框和滤布洗净，重新装合，准备再一次过滤，操作简图如图 5-13 所示。板框压滤机的操作压强，一般为 3~5kPa（表压）。

板框压滤机的出液形式有明流和暗流两种，若滤液经由每块滤板底侧的滤液阀流到压

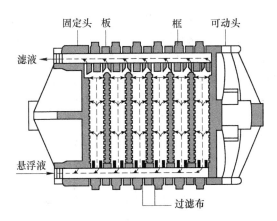

图 5-13 板框压滤机过滤操作简图

滤机下部的敞口槽内，则称为明流式，如图 5-14（a）所示。明流式便于监视每块滤板的过滤情况，如发现某滤板滤液不纯时，可马上关闭该板出液口阀门；若在压滤机长度方向上，各块滤板的滤液通道全部贯通，滤液经由每块滤板和滤框组合成的通道，最终汇合从一条出液管道排除则称为暗流式，如图 5-14（b）所示。暗流式的排液方式密闭性好，但不容易发现滤布破损，适宜用于处理易挥发或滤液对人体有害的悬浮液。

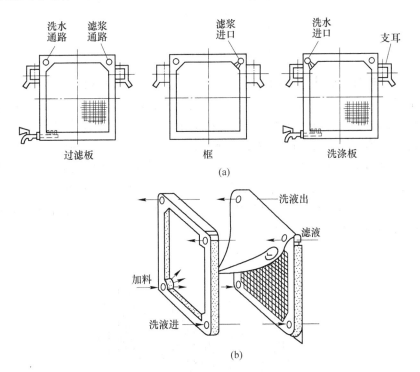

(a)

(b)

图 5-14 板框压滤机滤板、滤框及其装合图

（a）明流式压滤机的板和框；（b）暗流式压滤机的板和框

　　压滤过程中如果滤饼需要洗涤，则滤板分为开有洗涤液进口的洗涤板和没有洗涤液进口的非洗涤板（滤板）。洗涤在过滤终了后进行，即当滤框已充满滤饼时，将进料阀门紧

闭，同时关闭洗涤板下的滤液排出阀门，然后将洗涤液在一定压强下送入。洗涤液由洗涤板进入，穿过滤布和滤框，沿对面滤板下流至排出口排出。洗涤板左上角的圆孔内开有与滤板两面相通的侧孔道，洗涤液可由此进入框内如图 5-14（a）所示，板框压滤机洗涤操作如图 5-15 所示。洗涤时，洗涤液所走的全程为滤饼的全部厚度，而在过滤时，滤液的途径只约为滤饼的一半，并且洗涤液穿过两层滤布，而滤液只需穿过一层滤布，因此，洗涤液所遇阻力约为过滤终了时滤液所遇阻力的两倍，而洗涤液所通过的面积仅为过滤面积的一半，如果洗涤时所用压强与过滤终了时所用压强相同，则洗涤速率约为最终过滤速率的 1/4。

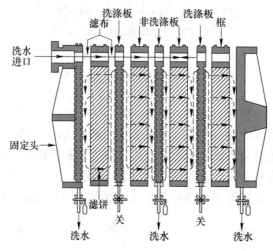

图 5-15 板框压滤机洗涤操作示意图

滤饼洗涤同样分明流洗涤和暗流洗涤两种方式，如图 5-16 和图 5-17 所示。对于明流洗涤，将洗涤水压入洗涤水通道，并经由洗涤板角端的暗孔进入板面与滤布之间，此时应关闭洗涤板下部的滤液出口。洗水在压差的推动下，横穿第一层滤布及整个滤框中的滤饼层，然后再横穿第二层滤布，按此重复进行，最后由非洗涤板（滤板）下部的滤液出口排出。由于洗涤水的流向横穿整个滤饼层，可减少洗水将滤饼冲出裂缝而造成短路的可能，提高了洗涤效率。洗涤结束后，旋开压紧装置并将板框拉开，卸出滤饼，清洗滤布，重新装合，进入下一个操作循环。对于滤饼洗涤要求不高的压滤，一般采用暗流洗涤方式，在有色冶金中大多采用暗流洗涤方式。

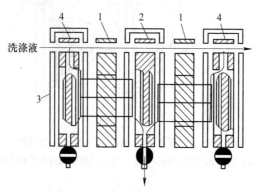

图 5-16 明流洗涤
1—滤框；2—滤板；3—滤布；4—洗涤板

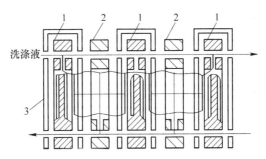

图 5-17 暗流洗涤

1—滤板；2—滤框；3—滤布

板框压滤机的优点是：占地小，过滤面积大，过滤推动力大，设备构造简单；对物料的适应性强；过滤操作稳定。其缺点是：设备笨重，装卸时劳动强度很大；为间歇式操作，洗涤速率小且不均匀。因此，此种过滤机已成为技术改造的对象，为了减轻板框的质量，有的采用钢丝网滤板；为了防腐蚀有的采用玻璃钢板框和木屑酚醛板框。

B 厢式压滤机

厢式压滤机与板框压滤机相比，工作原理相同，外表相似，如按其过滤室结构不同，可分为压榨式（滤室内装有弹性隔膜）和非压榨式（滤室内未装隔膜）；按出液方式不同，可分为明流式和暗流式；按滤布的所处状态不同，可分为滤布固定式和滤布移动式；按滤板的拉开方式不同可分为逐块拉开式和全拉开式；按操作方式可分为全自动操作和半自动操作等。

自动厢式压滤机如图 5-18 所示。该机由压紧板（头板）、固定板（尾板）、凹形滤板、主梁、压紧装置、滤板移动装置、滤布及滤布振打，清洗、滤液收集槽等部分组成。

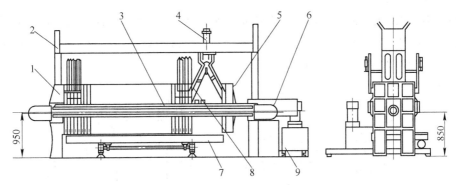

图 5-18 自动厢式压滤机

1—尾板组件；2—滤板；3—主梁及拉板装置；4—振动装置；5—头板组件；
6—压紧装置；7—滤液收集槽；8—滤布；9—液压系统

厢式压滤机以滤板的棱状表面向里凹的形式来代替滤框，即将板框压滤机的滤板和滤框功能合并，厢式滤板结构如图 5-19 所示。在相邻的滤板间形成单独的滤箱，图 5-20（a）为打开情况，图 5-20（b）为滤饼压干的情况。

厢式压滤机工作时先将凹形滤板压紧，滤板闭合形成过滤室，料浆通过中心孔进入滤室，各板间的滤室相串联。滤板上覆盖带有中心孔的滤布，滤布需在中心加料孔处固定于板上或与邻室的滤布中心孔相缝合。料浆由进料泵打入，滤液穿过滤布，经滤板上的小沟槽流到滤板下角出液口排出，当过滤速度减小到一定数值时，停止泵料。根据需要，可对滤饼进行洗涤、吹风干燥，然后将滤板拉开，滤饼靠自重或靠卸料装置卸出。至此完成一个工作循环，接着再进行下一个工作循环。

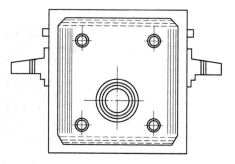

图 5-19　厢式滤板结构示意图

厢式压滤机适用于过滤黏度大、颗粒较细且有压缩性的各类悬浮液料浆。其优点有：占地少、操作安全；过滤面积较大，过滤推动力大，生产率较高；相对于板框压滤密封性更好。缺点为：滤板上进料口小，容易被粗颗粒的料浆堵塞；滤布的磨损和折裂严重，更换滤布较麻烦。

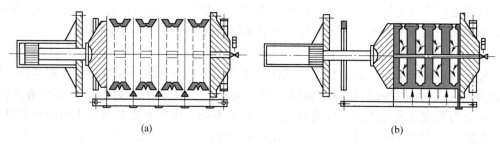

(a)　　　　　　　　　　　(b)

图 5-20　厢式压滤机
（a）打开；（b）滤饼压干

C　转鼓加压过滤机

转鼓加压过滤机由两个同心的圆筒组成，如图 5-21 所示。外筒是固定的并承受压力，内筒是连续旋转的。内外筒之间有隔板分隔为过滤、洗涤、滤饼干燥、卸料及滤布洗涤等区域，这些区域的长短按用途需要可适当调整。

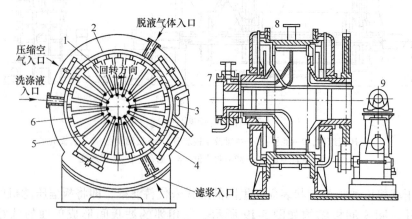

图 5-21　转鼓加压过滤机结构示意图
1—内筒；2—外筒；3—滤饼卸除处；4—隔板；5—滤液管；
6—滤板；7—排液阀；8—压盖密封垫；9—电动机

转鼓加压过滤机具有操作连续、密封完善、过滤效率高、滤饼洗涤效果好且含湿量低、结构紧凑、占地面积小等优点，适于过滤含溶剂的料浆。

D 加压叶滤机

加压叶滤机是由一组并联的滤叶按一定方式装入密闭的滤筒内，当料浆在压力下进入滤筒后，滤液透过滤叶从管道排出，而固体颗粒被截留在滤叶表面，这种过滤机称为加压叶滤机，简称叶滤机。

叶滤机的分类方法很多，按外形分有水平（卧式）和垂直（立式）叶滤机；按自动化程度可分为自动、半自动和手动叶滤机；按滤筒的密封形式可分为全密封式、密封式和半开式叶滤机。目前，用于工业生产的叶滤机大多是水平半自动式。加压叶滤机为间歇操作，过滤面积最大已发展到 438m^2，其自动化程度也不断提高。由于叶滤机是采用加压过滤，所以推动力较大，可适用于过滤浓度较大、较黏而不易分离的悬浮固体颗粒溶液。

常用于氧化铝控制过滤工序的立式叶滤机结构如图 5-22 所示。

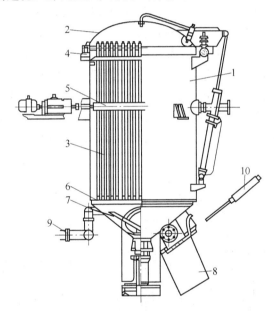

图 5-22 立式叶滤机结构图

1—滤筒；2—滤头（封头）；3—喷水装置；4—滤叶；5—料浆加入管；6—锥底；
7—滤渣清扫器；8—滤液排出管；9—排渣；10—插板阀气缸

立式叶滤机的滤筒为钢板焊制而成的立式圆筒，滤头（上部头盖）为椭圆形，底部为 90°角的圆锥形。滤头与筒体铰接，其铰接机构由油缸推动，可使滤头快开快闭。滤筒与滤头间用橡胶圈压紧密封，锥底部有排渣阀，叶片直立吊挂在滤筒内。叶片是由异形钢管焊制而成的滤框和滤网组成，在叶片的滤网外面包敷过滤介质。滤叶呈星形排列，每个叶滤由滤布、插入滤布的滤板、滤液聚叶管等组成，过滤时，粗液泵入机筒内，在一定压力下，滤液通过滤布制成精液，然后沿导流管流入集液堰，最后进入机筒外部的精液总管，固体物质黏附在滤布外部形成滤饼。每一次过滤终了时，将剩余的料浆和滤渣排出，随后用水洗掉沉积物。叶片中部装有带喷嘴的冲洗水管，它可以旋转并前后移动，把所有叶片表面和滤筒内的颗粒沉积物冲洗干净。立式叶滤机的操作周期由进料、挂泥、作业、卸车四个过程组成。

立式叶滤机的特点是：卸渣和清洗在滤筒内进行，无需开盖或移动滤片，因而过滤作业周期短，经济效益显著提高；由于密闭操作，不污染环境；滤布不外露，冲洗彻底，使用寿命可长达 800h 以上；清理周期长，一般每隔 35 天开启一次滤头、更换滤布和检修密封装置。操作简单省时，换一次滤布只需 8h 即可全部完成。

5.3.2.2　离心过滤机

离心过滤是利用机械旋转产生的离心力来分离固-液两相的，离心过滤并不要求分离的液相和固相有密度差，因此可以用来处理一般方法难于分离的悬浮液或乳浊液。工业用离心过滤机有间歇进料式和连续进料式两种类型，其过滤过程可分为固定床滤饼过滤，如三足式、上悬式、刮刀卸料式等离心机，以及流动床薄层过滤，如锥篮式、振动式离心机；按照离心因数大小分类，可以分为常速离心机、高速离心机和超高速离心机；按照离心机滤框轴线在空间的位置，又分为立式离心机与卧式离心机。

离心过滤机在其滤框上开有均匀分布的孔，在鼓内壁上覆以滤布，悬浮液加入鼓内并随之旋转，液体受离心力作用被甩出而颗粒被截留在鼓内。离心过滤过程包括加料、过滤、洗涤、甩干和卸除滤饼五个过程。间歇式过滤机每一周期均按顺序依次进行上述五个操作过程。而连续式过滤机却是将上述五个操作过程放在过滤机的不同部位连续进行。

目前我国应用较广的是三足式过滤离心机，如图 5-23 所示。该离心机的转鼓垂直支撑在三个装有缓冲弹簧的摆杆上，以减少因加料或其他原因引起的重心偏移。

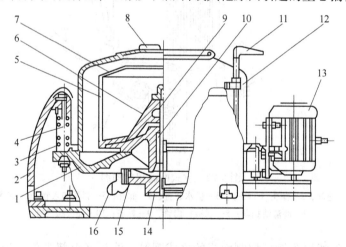

图 5-23　三足式上部卸料过滤离心机

1—底盘；2—支柱；3—缓冲弹簧；4—摆杆；5—转鼓体；6—转鼓底；7—拦液板；
8—机盖；9—主轴；10—轴承座；11—制动手柄；12—外壳；
13—电机；14—三角皮带；15—制动轮；16—滤液出口

三足式离心机又有多种形式。按滤渣卸料方式、卸料部位和控制方法不同，可分为上部人工卸料、下部人工卸料、上部自动卸料（如上部吊装卸料、上部抽吸卸料等）以及下部自动卸料（如下部自动刮刀卸料）等结构形式。这些机型除在卸料方式上有所不同外，其他结构原理基本相同。三足式上部卸料离心机是最简单的一种三足式离心机，为上部人工加料和卸料。

5.3.2.3 真空过滤机

真空过滤机过滤面的两侧，受到不同压力的作用，其接触料浆一侧为大气压，而过滤面的背面与真空源相通，由真空设备（真空泵或喷射泵）提供负压形成抽力，滤液中的固体颗粒将通过滤布并在其表面上形成滤饼，完成固-液分离。相比于加压过滤设备，真空过滤的推动力要小得多。

真空过滤机可分为间歇操作和连续操作，湿法冶金中常用的真空过滤设备有转筒真空过滤机、圆盘真空过滤机、带式真空过滤机等。湿法冶金中，使用最为广泛的是转筒真空过滤机。

A 转筒真空过滤机

转筒真空过滤机也称转鼓真空过滤机，是一种连续式过滤机。其生产能力大，机械化程度较高，对物料的适应性强。转筒真空过滤机的形式按给料方式不同，可分为顶部给料式、内部给料式和侧部给料式；按滤饼卸料方式不同，分为刮刀卸料式、折带卸料式、绳索卸料式和辊子卸料式；按滤布铺设在转鼓的内侧还是外侧分为内滤式和外滤式。

顶部给料式转筒真空过滤机的料浆通过分配箱从上部加入，橡皮布料挡板或小辊阻挡料浆与转鼓回转方向逆向流动。滤饼从机壳底部用螺旋输送机排出。这种给料式真空过滤机的主要优点是有助于滤饼的形成，能减少阻力，滤布再生容易，因为滤布上粗颗粒先被吸附，细颗粒后被吸上，因此不易堵塞滤布。缺点是结构复杂。

内部给料式转筒真空过滤机的料浆直接加在转鼓内筒里，可不另设料浆槽，结构比较简单，过滤浆液中的固体颗粒先沉淀在滤布表面上，也不需搅拌装置，因此该型过滤机特别适用于料浆中固体颗粒粗细不均，且沉降速度大的浆液分离。

侧部给料式转筒真空过滤机，其转筒的侧面有一个料浆槽，料浆槽对面一侧为卸饼位置，转鼓的下部有洗涤喷嘴，用来洗涤滤布。由于过滤是在侧面的料浆槽进行，所以在滤布上先吸上一层沉降速度快的粗颗粒，然后细颗粒在粗颗粒上成层，同样对防止滤布堵塞有利。

在连续式真空过滤机中，应用最广的是刮刀卸料式转筒真空过滤机，它属于侧部给料、外滤式设备。刮刀卸料式转筒真空过滤机主要由滤筒、料浆储槽、搅拌装置、分配头、卸料装置、滤饼洗涤装置（喷水器）、铁丝缠绕装置及过滤机的传动系统组成，如图5-24所示。

刮刀卸料式转筒真空过滤机主体是一个回转的真空滤筒，横卧在滤浆槽内，滤浆槽为一半圆筒形槽，两端有两对轴瓦支撑着滤筒，滤筒两头均有空心轴，一端安装传动齿轮，另一端是通过滤液和洗液用的。其末端装有分配头，与真空管路和压缩空气管路相连，前者用于过滤时吸取真空，后者用于吹脱滤饼。滤筒前面有刮刀装置用来卸泥，滤泥槽内装有往复摆动的搅拌机，如图5-25所示。

从图5-25中还可看到，转筒可分为以下区域：

过滤区域。在此区域内过滤室浸于悬浮液中，室内为负压，滤液穿过滤布进入过滤室内，然后经过分配头的滤液排出管排出。

第一吸干区。在此区内，洗涤水由管喷洒于滤饼上，过滤室内为负压而吸入洗液，经

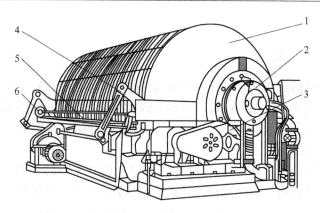

图 5-24　刮刀卸料式转筒真空过滤机结构示意图

1—转鼓；2—分配头；3—传动系统；4—搅拌装置；5—料浆贮槽；6—铁丝缠绕装置

由洗液排出管排出。

第二吸干区。过滤室仍为负压，使滤饼中剩余洗液吸干。为了防止滤饼产生裂纹而吸入空气要减少真空度，所以在洗涤区和第二吸干区安装无端压榨带，由于对滤饼的摩擦作用，无端压榨带沿导向辊的方向运动。

卸渣区。在此区域内，过滤室与压缩空气管路相通，滤饼被吹松，然后被伸向过滤表面的刮刀所剥落，刮刀卸料情况，如图 5-26 所示。

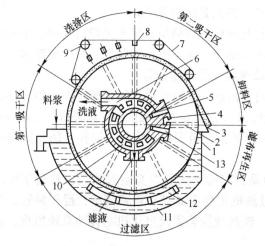

图 5-25　刮刀卸料式转筒真空过滤机主体示意图

1—转鼓；2—吸盘；3—刮刀；4—分配头；5，13—压缩空气管
入口；6，10—与真空源相同的管口；
7—无端压榨带；8—洗涤喷嘴装置；9—导向辊；
11—料浆槽；12—搅拌装置

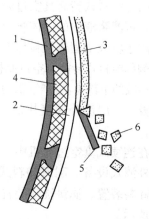

图 5-26　刮刀卸料情况

1—滤室；2—滤布；3—滤饼；4—孔板；
5—刮刀；6—卸除的滤饼

滤布再生区。在此区域内进行清洗滤布，使其具有新的过滤面，以便重新过滤。

B　圆盘真空过滤机

圆盘真空过滤机属于连续式过滤设备，是由数个过滤圆盘装在一根水平空心轴上的真空过滤机。它能过滤密度小、不易沉淀的料浆。圆盘真空过滤机按过滤料浆性质不同可分为普通型和耐酸型两类。普通型圆盘真空过滤机适用于中性或碱性料浆的过滤。耐酸型圆盘真空过滤机适用于酸性或腐蚀性料浆的过滤，国内有色冶炼厂使用的圆盘真空过滤机都是耐酸型的，用于过滤有腐蚀性（酸性和金属离子）的悬浮液，造价较高。圆盘真空过滤机的结构，如图 5-27 所示。

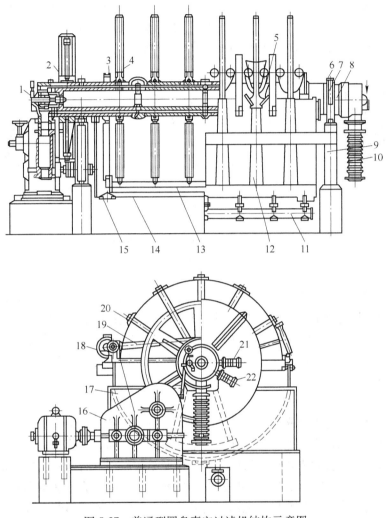

图 5-27 普通型圆盘真空过滤机结构示意图

1—分配头；2—传动齿轮；3—搅拌装置的支撑；4—扇形叶片；5—刮刀；6—轴承；
7—填料密封；8—中空主轴；9—支架；10—耐压软管；11—给料总管；12—圆弧槽；
13—搅拌装置；14—槽体；15—排料口；16—减速器；17—传动链；18—偏心轮；
19—连杆；20—带螺母的拉杆；21，22—接压缩空气和冲洗水的耐压软管

真空过滤机的过滤圆盘由 10～30 个彼此独立、互不相通的扇形滤叶组成，扇形滤叶的两侧为筛板或槽板，每一扇形滤叶单独套上滤布之后构成了过滤圆盘的一个过滤室。而中空主轴则由径向筋板分割成 10～30 个独立的轴向通道，这些通道分别与各个过滤室相连，并经分配头周期性地与真空抽吸系统、反吹压气系统和冲洗水系统相通，使料浆进行固液分离。滤液穿过滤布，进入各通道，然后经轴的通道及分配头自过滤机中抽出。滤饼则被

截留在过滤室两侧的滤布上，旋转到一定位置时，经脉动吹风机构瞬时反吹，由刮刀卸下。

中空主轴上的通道经端头（一端或两端）与平压在其上的固定分配头紧密接合，分配头中的分配盘由径向筋板分隔成过滤区、脱水区、卸渣区及再生区，分别与外部的真空或压气（或冲洗水、蒸汽）系统相连，实现过滤机的过滤、脱水（干燥）、反吹排渣、滤布再生等过程。过滤圆盘的各个过滤室每回转1周，则相继通过以上4个区域，实现过滤机的连续作业，圆盘真空过滤机工作原理，如图5-28所示。

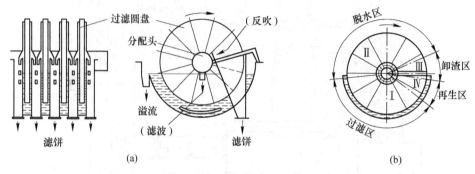

图 5-28　圆盘真空过滤机工作原理图
（a）示意图；（b）操作角度

圆盘真空过滤机与转筒真空过滤机相比，具有以下优点：（1）结构紧凑，占地面积小，单位过滤面积造价低；（2）真空度损失少，单位产量耗电少；（3）可以不设置搅拌装置；（4）更换滤布方便。缺点为：（1）滤饼洗涤困难，甚至不可能洗涤；（2）滤饼厚度不均匀，易于龟裂，且滤饼含湿量高于转鼓真空过滤机；（3）滤布易堵塞，难再生，薄滤饼卸除较困难。

C　带式真空过滤机

带式真空过滤机是近年来发展最快的一种真空过滤设备，是从水平方向运动的无端过滤带下方抽真空，滤带上表面为过滤面，一端加料，一端卸料的真空过滤机，它充分利用了料浆的重力和真空吸力来实现固液的分离。按照结构原理可将带式真空过滤机分为固定室型（RB型，如图5-29所示）、移动室型（RT型）、滤带间歇运动型和滤盘连续运动型四大类型。各类带式真空过滤机均适用于过滤含粗颗粒的高浓度料浆以及滤饼需多次洗涤的物料。

固定室（RB型）真空带式过滤机的真空室固定在做环形运动的橡胶带下方，因而也称为橡胶带式真空过滤机。该机采用一条橡胶脱液带作为支撑带，脱液带上开有相当紧密的、成对设置的沟槽，沟槽中开有贯穿孔。滤布放在脱液带上构成滤带，滤带在机上既作环状过滤带又作物料传送带，连续完成过滤、洗涤、吸干、卸料、清洗滤布等操作。过滤开始时，料浆均匀分布在滤布带上，橡胶带和滤布带以相同的速度同向运动，料浆在真空抽力的作用下进行固液分离，滤液或洗液经滤布带和橡胶带进入真空室，再经真空管与收液系统及气液分离系统相连。真空箱根据分离要求可沿长度方向分成若干个小室，滤布带和橡胶带在主动辊处相互分开，前者经卸饼、洗涤、张紧后循环工作，后者因不与滤饼接触可直接返回，如此实现过滤、洗涤、吸干等连续作业。

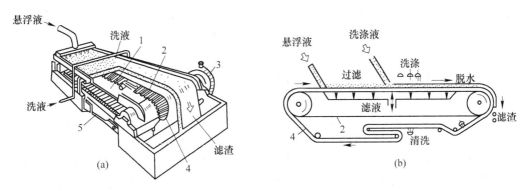

图 5-29 固定真空室带式真空过滤机
(a) 结构；(b) 工作原理
1—真空箱；2—排水带；3—驱动装置；4—滤布；5—滴水盘

移动室型（RT型）真空带式过滤机与RB型带式真空过滤机在结构上的主要区别是：它的真空箱上有导轨，真空箱由气缸或油缸带动往复移动；设有环形排水带及其支撑装置，滤布既是过滤介质，又是输送带，真空行程（即工作行程）与返回行程之间的切换由行程开关及返回气缸控制。过滤开始时，真空室与过滤带同步向前运动，由于两者之间不发生相对运动，所以密封效果较好。均匀分布在滤带上的料浆经过滤、洗涤、吸干等过程实现固液分离。当真空行程终了时，真空室触到行程开关，真空被切换，滤带仍以原来速度运行，而真空室则在气缸推动下快速返回原地，当触到这一侧的行程开关时，又开始了下一个过滤行程。RT型真空带式过滤机的工作原理，如图 5-30 所示。

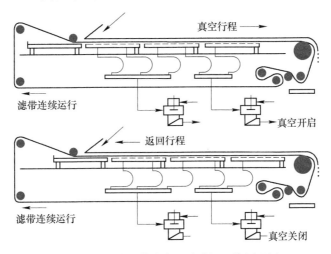

图 5-30 移动室带式真空过滤机工作原理图

滤带间歇运动型真空带式过滤机又称为固定盘水平真空带式过滤机，该机大部分构造与移动室带式过滤机相同，主要区别在：前者的真空室是固定的，兼作传送带的过滤带是靠撑带气缸的间歇运动而向前运动的。该机的主要特点是将原来整体式真空滤盘改为由很多可以分合的小滤盘组成，小滤盘联结成一个环形带。小滤盘工作时，上面覆有滤布及过滤材料，下面有孔，通过滑动密封面与真空室相通，滤液通过滤布、小滤盘进入真空室。

小滤盘在驱动辊的带动下与滤布一起向前移动，完成过滤、洗涤、脱水等作业，最后在驱动辊处滤布和小滤盘分开，真空被破坏，滤饼即被卸除，滤布经清洗再生、纠偏、张紧再从动辊处与小滤盘汇合，进入下一个工作循环。

　　在湿法冶金生产过程中进行固-液分离时选用何种液固分离方法和设备，主要取决于要处理的矿浆性质、投资费用等因素。一般来说，处理难过滤黏性料浆、低固体悬浮物的大量矿浆时，宜选用沉降分离方法；处理易过滤浆料、对滤液质量要求高的溶液时，宜选用过滤方法，但是过滤的费用远远高于沉降。因此，实践中为了得到良好的固-液分离效果和降低处理成本，往往两种方法配合使用。如：当处理大量低含固量的固体悬浮液时，首先采用沉降浓缩，将固体颗粒从大量的液体中浓缩分离出来，其后再进行过滤、离心脱水等分离操作，这是最经济合理的方法。

 思 考 题

5-1　固-液沉降分离方法有哪些？

5-2　固-液沉降分离的常用设备有哪些？

5-3　一个直径为 0.01mm，密度为 2000kg/m³ 的固体矿物颗粒在 40℃ 的水中沉降，已知 40℃ 水的密度 $\rho = 992.2$kg/m³，$\mu = 0.6560 \times 10^{-3}$Pa · s，试求矿物颗粒的自由沉降速度。

5-4　试用简练的语言说明连续沉降槽的结构特点及工作原理。

5-5　过滤分离的常用设备有哪些？

5-6　试用简练的语言说明板框压滤机的结构特点及工作原理。

6 液-液萃取和离子交换设备

6.1 液-液萃取

湿法冶金有机溶剂液-液萃取，也称为溶剂萃取法，是利用具有萃取能力（物质在有机溶液中的分配能力更大）的有机溶剂从基本上与其不相溶的水溶液中把金属提取出来的方法。由于有机相和水溶液相的密度不同可以分层，当两者经过充分混合完成被萃物质在两相间的传质过程后，再进行液相-液相的分离，从而达到净化溶液、富集金属物质的目的。

在湿法冶金生产中，一般的萃取流程包括萃取和反萃取两个主要阶段，根据工艺需要，两段之间可能会加入洗涤过程。萃取得到的液相称为萃余液，有机相称为萃取液，在萃取设备中完成金属物质从水溶液到有机溶液的转移和分离；反萃则是使用某些水溶液，比如硫酸、盐酸做反萃剂与萃取液混合，将金属物质转移到水溶液中，以利于后续采用电解沉积的方法提取金属。反萃后有机相得到再生，返回萃取循环使用。

6.1.1 萃取基本参数

6.1.1.1 分配比（D）

被萃取物在有机相中的总浓度和水相中的总浓度之比称为分配比，以 D 表示：

$$D = C_{有} / C_{水} \tag{6-1}$$

式中　$C_{有}$，$C_{水}$——被萃取物在有机相、水相中的总浓度。

显然，分配比 D 越大，表示该被萃取物越易被萃入有机相。

6.1.1.2 萃取率（η）

萃取率就是被萃取物进入有机相中的量占萃取前料液中被萃取物总量的百分比，以 η 表示。它表示萃取平衡中萃取剂的实际萃取能力：

$$\eta = \frac{被萃取物在有机相中的量}{被萃取物在料液中的总量} \times 100\% \tag{6-2}$$

$$= \frac{C_{有} V_{有}}{C_{有} V_{有} + C_{水} V_{水}} \times 100\% = \frac{C_{有}}{C_{有} + C_{水} \dfrac{V_{水}}{V_{有}}} \times 100\%$$

$$= \frac{C_{有} / C_{水}}{C_{有} / C_{水} + V_{水} / V_{有}} \times 100\% = \frac{D}{D + V_{水} / V_{有}} \times 100\%$$

式中　$V_{有}$——有机相体积；

　　　$V_{水}$——水相的体积。

令 $V_有/V_水=R$，R 表示有机相和水相的体积比，又称为相比：

$$\eta = \frac{D}{D + 1/R} \times 100\% \tag{6-3}$$

当 D 和 R 越大时，萃取率越高。当分配不大时，就得选择较大的相比才能取得较为满意的效果。

6.1.1.3　分离系数（β_B^A）

分离系数是表示两种物质分离难易程度的一个萃取参数，它表示在同一萃取体系内，同样萃取条件下两种物质分配比的比值，以 β_B^A 表示。

$$\beta_B^A = \frac{D_A}{D_B} \tag{6-4}$$

式中，β_B^A 为 A、B 两种物质的分离系数，一般 A 表示易萃组分，B 表示难萃组分。β_B^A 越大，表示 A、B 两种物质自水相转移到其有机相的难易程度差别越大，两物质越易分离。也就是说萃取的选择性越好。例如，用脂肪酸萃取分离铁、钴，其分系数高达 1000，故分离很彻底。

6.1.1.4　萃取级数

萃取剂与水相混合和分离的次数称为萃取级数。含有被萃取物的水溶液与有机相相混合，经过一定时间后被萃取物在两液体相间分配达到平衡，两相分层后，把有机相与水相分开，此过程为一级萃取。若经过一级萃取后的水相与另一份新有机相混合，平衡后再分离，则称之为二级萃取，以此类推。

6.1.2　萃取设备

萃取设备按照两相接触方式可以分为逐级接触式和连续接触式；按相分散的驱动力可以分为重力式、机械搅拌式、脉冲式和离心力式；按设备结构形式分可分为塔（柱）式和槽（箱）式，分类方式如表6-1所示。

表6-1　萃取设备分类

产生逆流方式	重　　力					离心力
相分散的方法	重力	机械搅拌	机械振动	脉冲	其他	离心力
逐级接触设备	筛板柱	多级混合澄清槽 立式混合澄清槽		空气脉冲 混合澄清槽		单级离心萃取器 多级离心萃取器
连续接触设备	喷淋柱 填料柱 筛板柱	转盘柱 带搅拌器的调料萃取柱 带搅拌器的筛板萃取柱 带搅拌器的多孔萃取柱	振动筛板柱	脉冲填料柱 脉冲筛板柱	超声萃取器 管道萃取器	波式离心萃取器

逐级接触式萃取设备可以一级单独使用，也可以多级串联使用，多级串联使用时，每一级内两相的作用分别为混合接触和澄清分离两个步骤，混合澄清槽是逐级接触式萃取设

备的典型代表。它具有相接触好，处理能力大，级效率高、易于放大，操作稳定性好等优点，但是缺点是占地面积大，滞留量大。无机械搅拌的萃取塔结构简单，设备费用低，操作维修费用低，容易处理腐蚀性物料。但是对厂房的高度有要求，对密度差小的体系处理能力低；机械搅拌萃取塔结构简单，处理能力大，但是同样对密度差小的体系处理能力低。离心萃取器的优点是可以处理密度差小的体系，设备体积小，接触时间短，但是这类设备的操作、维修费用较高。所以，任何一种类型的萃取设备都无法满足所有工艺要求并获得最佳效果，生产中选用何种类型的萃取设备，需要考虑场地、技术、经济等因素，还务必确保生产的稳妥可靠，在工业生产中，设备的可靠性是选型决策的首要因素，一般的选型步骤如图6-1所示，可供初选时参考。

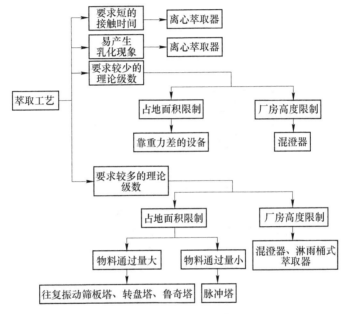

图6-1 萃取设备选型步骤

6.1.2.1 混合-澄清槽

混合-澄清槽是一种组合式萃取设备，每一级均由一个混合室与一个澄清槽组成。

A 箱式混合-澄清槽

箱式混合-澄清槽是工业中最早也是使用最多的一种萃取设备。它是把多组混合-澄清槽组成一个整体同时把搅拌和流体输送结合起来，流体间的流动靠级间密度差来推动。混合室通常为正方形，其体积大小由物料需要停留的时间决定。3级箱式混合-澄清槽结构如图6-2所示，透视结构图如图6-3所示。

在箱式混合-澄清槽中，利用搅拌器的抽吸作用，重相由次一级澄清室经过重相口进入混合室，而轻相由上一级澄清室自行流入混合室。在混合室中，经搅拌使两相充分混合接触完成萃取，然后混合液进入该级澄清室分相。混合-澄清室工作示意图如图6-4所示。

就混合-澄清槽的同一级而言，重、轻两相是并流的，但就整个箱式混合-澄清槽来讲，两相的流动方向是逆流的。图6-5表示的是一个8级箱式混合-澄清槽的流动路径。

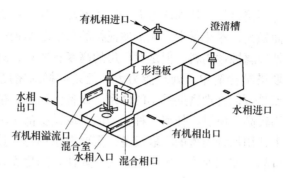

图 6-2　箱式混合-澄清槽结构

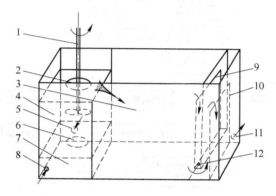

图 6-3　混合-澄清槽透视图

1—搅拌桨；2—混合相出口；3—澄清室；4—混合室；5—轻相进口；
6—汇流口；7—前室；8—重相进口；9—轻相溢流堰；
10—重相堰；11—重相出口；12—轻相出口

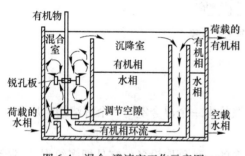

图 6-4　混合-澄清室工作示意图

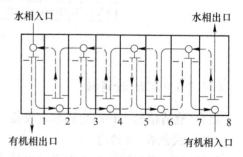

图 6-5　混合-澄清槽两相流向

B　带浅层混合器的混合-澄清槽

该设备采用了带垂直挡板的圆形混合槽，四周设有挡板，靠近混合槽底边安装了封闭式叶轮，具有混合和泵吸两液相的作用，两相从混合室下部被涡轮吸入，充分混合后从混合室的上部流出，经栅栏分配流入澄清室。浅层澄清器的混合-澄清槽可减少有机相的存槽量，其结构如图 6-6 所示。

C　泵混式混合-澄清槽

泵混式混合-澄清槽结构有多种，一般在搅拌轴上安装有泵吸设备。如 I.M.I 混合-澄

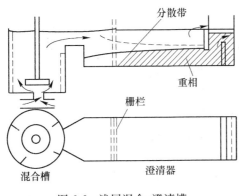

图 6-6 浅层混合-澄清槽

清槽、Davy Powergas 混合-澄清槽。

D 混合澄清器的运行操作

混合澄清器的运行操作可以分为充槽启动、正常运行和停车三个阶段。

（1）充槽启动。充槽启动阶段首先向空格内加入作为连续相的某一相，若不用控制连续相或分散相，则可以按相比加入两相，总加入量使液位达到轻相口高度。充槽结束后，启动搅拌系统，并按正常要求的流量引入除料液之外的各液流，当槽子运行稳定时，引入料液，从小到大调节流量，逐渐提高到正常操作流量，同时，打开水相出口阀门，混合澄清器进入正常运行阶段。

（2）正常运行。正常运行阶段中，当两相总流量相当于两倍的混合澄清器总体积时，一般可视为混合澄清器进入稳定操作状态，操作正常运行时需要控制的主要参数包括搅拌条件、各液流之间的流比和各级的界面高度。

（3）停车。混合澄清器需要暂时停车时，只需要关闭水相出口阀，停止各料液进入系统，停止搅拌即可，暂时停车后再启动，只要按前述充槽后的操作程序进行便可，但需要注意连续相的控制和调节。若长期停槽则需要进行顶槽、倒空和清洗。顶槽就是加大水相流量，停止有机相进料、将混合澄清器内的有机相全部顶出，顶槽过程排出的有机相经洗涤或再生，以备再次开车时使用。槽子运行过程中，会产生界面污物，顶槽结束后可以采取措施将污物排出槽外，并对槽子进行全面清洗。

6.1.2.2 萃取柱

A 重力作用萃取柱

a 喷淋柱

喷淋柱是一种最简单的连续逆流萃取设备，它由空的柱壳和两相的导入及排出装置构成。重相及轻相分别自塔顶及塔底加入，然后在密度差的作用下逆流流动。可以通过移动液封管的高度来调节界面高度。其结构如图 6-7 所示。

这种萃取柱处理能力比较大，并随着两相密度差的增加而增大，随着连续相黏度的增加而减少。通过分布器形成的分散相液滴直径，对处理能力有很大影响。由于萃取柱内没有内部构件，两相接触时间较短，传质系数比较小，而且连续相纵向混合严重，因此喷淋柱的萃取效率一般很低。

b 填料柱

填料柱的结构如图 6-8 所示。由于萃取柱内填料的存在，这种萃取柱的传质效率比较高。较高的填料柱通常隔一定距离安装一个液体再分布器，并通过选择合适的填料尺寸来减小壁效应。由于填料柱内填料

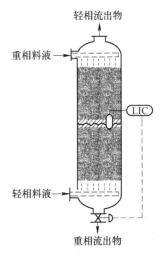

图 6-7 喷淋萃取柱示意图

的存在，处理能力较喷淋柱小。

B　机械搅拌萃取柱

转盘萃取柱是机械搅拌萃取柱的一种，其基本机构是在柱体内壁沿垂直方向等距离地安装有若干个环形挡板，将塔分成许多隔室，其作用在于减少轴向混合，并使从转盘上甩向塔壁的液体返回，在每个隔室内形成循环。在柱中央的转轴上安装着旋转圆盘，位置介于相邻的两个固定圆环之间，其作用是借快速旋转的剪切力使两相获得良好的分散。塔的两端是澄清区，它们同板段区可用格栅相隔。格栅可抑制流体的湍动，改善澄清效果。转盘萃取柱结构如图6-9所示。

C　脉冲萃取柱

脉冲填料柱和脉冲筛板柱都属于脉冲萃取柱。脉冲筛板柱的柱内安装了一组水平的筛板，在柱的上、下两端设有上澄清段和下澄清段。在柱体的相应部位装有各液流的入口管、出口管、脉冲管和用于冲洗、放空、排空的管线以及各种参数的测量点，其结构如图6-10所示。通过周期性的上、下脉冲作用，脉冲筛板柱柱内流体得到很好的分散和混合，并能使流体通过筛板，实现两相逆流流动。

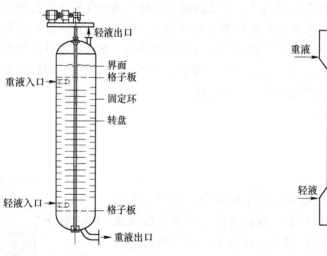

图6-9　转盘萃取柱结构图　　　　　图6-10　脉冲筛板萃取柱结构图

脉冲发生器有多种形式，如往复泵、隔膜泵、也可以用压缩空气驱动。

D　振动筛板萃取柱

振动筛板萃取柱的结构与脉冲筛板萃取柱的结构相类似，其内构件也是由一个系列筛板构成的，不同的是这些筛板均固定在可以上下运动的中心轴上。图6-11是振动筛板萃取柱的示意图。操作时，利用安装在柱顶的发动机、减速箱和凸轮，带动中心轴，使筛板做上下往复运动。当筛板向上运动时，迫使筛扳上侧的液体经筛孔向下喷射，当筛板向下运动时，又迫使筛板下侧的液体向上喷射，随着筛板的上下往复运动，振动的筛板可以使液滴得到良好的分散，体系得到均匀的搅拌，两相接触面积大，且液相湍动程度强，传质效率高。

6.1.2.3 离心萃取器

离心萃取器是利用离心的作用使两液相快速混合、快速分离的萃取设备。与通常的混合-澄清槽和萃取相比，离心力比重力大得多，因此其相分离能力很强，也使它得到广泛的应用。

圆筒式离心器是一种立式萃取器，目前研究较多的是 SLR 型离心萃取器，其结构如图6-12 所示。

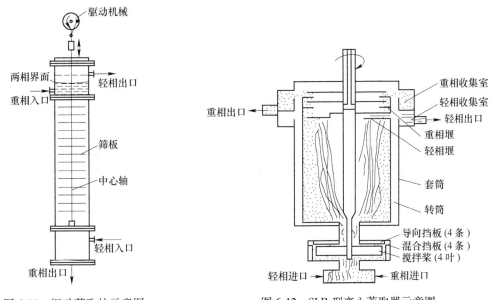

图 6-11　振动萃取柱示意图　　　　图 6-12　SLR 型离心萃取器示意图

SLR 型离心萃取器主要由混合室、转筒、轴和外壳组成。混合室内装有桨叶，依靠桨叶的搅拌作用使两液相混合。两相并流进入混合室充分混合后送入澄清室，在离心力的作用下，重相甩到筒壁附近，轻相在轴附近。澄清后的两相分别由溢流堰进入收集室，并经各自的排出口排出。

6.2　离 子 交 换

离子交换现象是自然界中一种普遍现象，很早以前就被人们发现和应用。人们把具有离子交换能力的物质称为离子交换剂，利用离子交换剂来分离和提纯物质的方法称为离子交换法。

离子交换法是基于固体离子交换剂在与电解质水溶液接触时，溶液中的某种离子与交换剂中的同性电荷离子发生离子交换作用，结果溶液中的离子进入交换剂，而交换中的离子转入溶液中，它是一种新型的化学分离过程，适宜处理较稀的溶液。对于含量在 50mg/L 以下浓度的金属离子，采用离子交换法比采用有机试剂萃取法经济，在现代湿法冶金中，离子交换越来越多的应用于生产中。

6.2.1　离子交换剂的种类

　　离子交换剂是一种带有可交换离子的不溶性固体物质，带有阳离子的交换剂称为阳离子交换剂，带有阴离子的交换剂称为阴离子交换剂。离子交换剂又可分为无机质和有机质离子交换剂两类。有机质离子交换剂可分为碳质与合成树脂两类，碳质离子交换剂为磺化煤，是煤经磨碎后用发烟硫酸处理而得，其性能比无机质离子交换剂好，但不及合成树脂离子交换剂。合成树脂交换剂是所有离子交换剂中性能最优的一类。离子交换剂分类如图6-13所示。

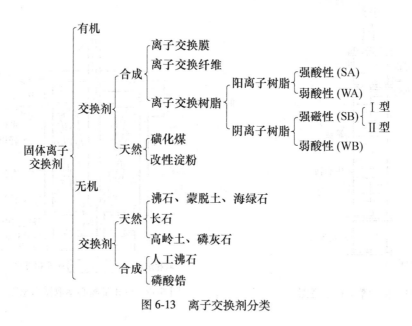

图 6-13　离子交换剂分类

6.2.2　离子交换树脂的结构

　　合成离子交换树脂是由高分子化合物制成的球状小颗粒，组成小球的高分子化合物具有三维立体交联的网络结构，称为骨架。在骨架上连接了许多功能基团，它们具有可交换的离子，可以进行交换反应。因此离子交换树脂包括三个部分：（1）高分子骨架；（2）连接在骨架上的功能团；（3）功能团上的可交换离子（又称为活动离子），而结合于骨架的则为固定离子。图6-14为离子交换树脂组成的示意图。长链通过少量苯二乙烯为交联剂构成网络状的骨架，网络之间有许多空间，构成树脂的通道。苯环连接在骨架上；磺酸基 SO_3^- 结合在苯环之上，可交换的 Na^+ 以静电作用与 SO_3^- 相结合。

　　由于合成树脂和萃取剂一样，要反复使用，它们必须具有极强的耐受化学环境变化的能力，可以反复经受化学

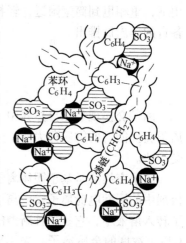

图 6-14　磺酸基阳离子
交换树脂组成示意图

条件变化而保持物理状态和化学性质稳定，不溶于酸、碱，甚至有机溶剂。树脂要稳定，首先骨架必须十分稳定。

6.2.3 离子交换树脂的基本过程

若把离子交换树脂看作是一种由阴、阳离子组成的化学物质 GA，离子交换如同 GA 在一定条件下参与化学反应。原有 GA 的阴或阳离子与另外的一个盐 BX 的阳或阴离子组成了新的盐 GB 和 AX。反应式如下：

$$GA + BX \rightleftharpoons GB + AX$$

正向过程是离子的吸附，逆向过程是离子的解吸（再生），再生后的树脂可以返回使用。有的时候不能直接用 A 交换 B，而先要用一种离子 C 交换 B，然后再用 A 交换离子 C，才能生成 GA。"吸附"和"解析"就是离子交换的两个阶段。

6.2.4 离子交换设备

湿法冶金过程中应用的离子交换设备按形态分，有罐式、槽式和塔式；按操作模式分有间歇式、连续式与周期式。吸附和再生在同一设备中交替进行称为间歇操作；吸附和再生分别在两个设备中连续进行，树脂不断在吸附和再生设备中循环，称为连续操作；按液流方向可以是顺流，也可以是逆流；按操作过程中固液两相接触方式的不同，有固定床、移动床与流化床三种。流化床又分液流流化床、气流流化床（也称为悬浮床）及机械搅拌流化床。工业离子交换设备使用最广泛的是固定床。

6.2.4.1 树脂固定床离子交换柱

固定床离子交换柱，如图 6-15 所示。主要部分有柱体、布液系统。

交换柱是一种应用广泛的工业设备，由于树脂床在柱内不移动，只有液体流过床层，所以称为固定床。它通常是高径比在 2~5 之间的圆柱体，底部和顶部多为球形或椭球形。不但顶部和底部有进出液管，柱的中间也有支管，用于进液或出液。

小型固定床离子交换设备可采用聚氯乙烯，玻璃钢等制作柱体和管道。直径大于 1m 的设备多采用碳钢，内衬氯丁橡胶、聚氯乙烯、环氧树脂等防腐材料。主体高度大致为树脂层高度的 1.8~2 倍，以留给树脂足够的膨胀空间。交换时，阳树脂的层高可能膨胀 75%，而阴树脂则可能膨胀 1 倍。设备底部是底板，用于支撑树脂和透过溶液，多采用具有排水帽的孔板，有的柱底采用铺垫石英砂作为树脂承载层，底板用多孔板。石英层的高度随柱径增大而提高，总高在 0.5~1m，分为 4、5 层铺垫，粒度由下而上，逐层变细。

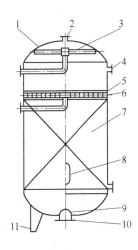

图 6-15 固定床离子交换柱示意图
1—壳体；2—排气管；3—上布水装置；
4—交换剂装卸口；5—压脂层；6—中排液管；
7—离子交换层；8—视镜；9—下布水装置；
10—出水管；11—底脚

　　为了使溶液在柱内沿径向均匀分布，使树脂都能接触到溶液，交换柱的顶部、中部和底部安装了布液装置。顶部的布液器包括喷头、喇叭斗、多孔管和带排水帽的多孔板等。交换柱在逆流操作时从中间排液管出液，为了达到均匀排出贫再生液的目的，中间排液管具有多个出口孔，呈水平状均匀分布在交换柱的中上部。一般采用平行垂直排布于一根母管的多个支管或者环形管结构。下部液管多采用孔板。

　　在较大规模的生产中，一般不会采用单柱间歇操作，多采用多柱轮回操作，交替完成吸附、再生以及各个工序之间的洗涤，从而保证稳定生产的连续。不论多柱操作或单柱操作，都是靠切换阀门来变换进入交换柱的液流，改变工序。图 6-16 为 4 柱轮换的离子交换作业：先由 1 号柱做交换，2 号柱清洗，3 号柱洗脱-再生，4 号柱清洗，作为第一轮。1 号柱接近穿透时，进行轮换，2 号柱做交换，3 号柱清洗，4 号柱洗脱-再生，1 号柱清洗。如此依次转换，使本来是间断的过程变为连续，不间断地产出合格溶液，供下一工序生产使用。无论哪一个柱作为交换柱，料液从同一个料液槽进入该柱，流出液进入同一个交换余液储槽。同样，进入和出自同个柱的洗脱、再生及洗涤的前、后液均出自和进入相应的储槽。因此，阀门的切换必须十分准确、及时，不然就会造成不同溶液相互混合，影响产品质量，甚至使生产发生混乱。

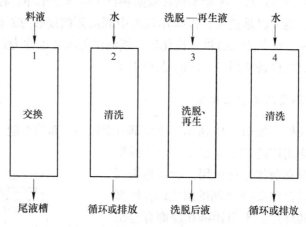

图 6-16　4 柱轮换的离子交换作业

6.2.4.2　树脂移动床离子交换设备

　　移动床离子交换器在交换过程中液体和树脂都发生了移动，它是针对固定床设备的特点，充分发挥其优势，克服其不足而提出的。移动床的基本思想是树脂在设备中移动，能够在一个设备的不同部位，分别完成交换、洗脱、再生等过程，这一想法既保留了固定床操作的高效率，简化了柱数、阀门与管线，又将吸附、冲洗与洗脱等步骤分别进行，使过程趋于连续化从而使树脂的利用效率提高，显著减少树脂的用量，如 Higgins 环形移动床设备。

　　Higgins 离子交换设备结构如图 6-17 所示，由吸附段、清洗段、解析段和又一个清洗段组成，各段之间有阀门分隔。操作时分为工作周期和树脂转移周期。在工作周期，阀门

A、E、F、G、I、K打开，各段之间的阀门B、C、D和脉冲进口H全部关闭，各段分别同时进行吸附、清洗、解析等作业。交换段采用降流，交换完成后的尾液从本段的底部排走。环形的下半部分是解析段和一个洗除洗脱剂的清洗段。右侧上部为负载树脂储存和清洗段。工作周期结束后，即开始树脂转移周期，关闭储存室和脉冲室的阀门A及E、F、G、I、K等进出口阀门，打开各室间阀门B、C、D和脉冲进口H。开启脉冲，可以使树脂按顺时针方向移动。从一个段进入下一个段仅需要约0.5min。这样，清洗后的树脂流入下面的脉冲室，交换室的负载树脂进入清洗储存段，储存于脉冲段的负载树脂进入下面的洗脱段，而经过清洗的洗脱再生树脂向上进入解析段。工作和转移周期连续交替进行。由于转移周期非常短，所以工作周期几乎是在连续运行，不断地产出成品液。

6.2.4.3 树脂流化床离子交换设备

CIX柱广泛应用于铀和黄金等的湿法冶金过程，是一种高效离子交换设备。该设备的结构示意图如图6-18所示。它的特点是柱体中设置了若干水平多孔隔板，分为许多室，每个室都装填树脂，成为多级流态化床；柱顶有一个扩大段，防止树脂随液体从顶部溢出。底部是带泡罩的液流分布板。

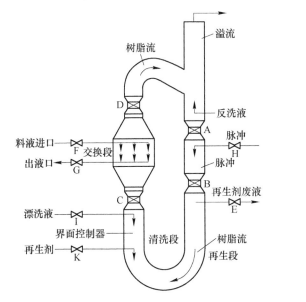

图6-17　Higgins环形移动床设备

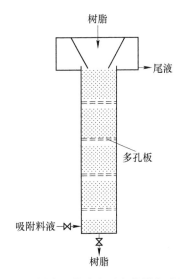

图6-18　树脂流化床离子交换设备示意图

设备运行时，料液周期性地进入底部，通过分流板向上流动，自下而上通过各个室进行交换，液流速度达到可以使各个室中的树脂发生流态化。水平隔板减少了液体和树脂的反混，提高了交换柱的效率。完成交换后的液流从扩大段上部溢流流出。树脂的运动方向和液流相反，从顶部加入交换柱中。扩大段和柱体直径的比例的选择，应该保证流体能从顶部溢流，树脂能在柱体中自行下降。在进液周期的间隙，液流停止上行，树脂从塔板孔隙下降，自上而下穿过各个隔室，参与交换，底板上的泡罩可以防止树脂全部排尽。树脂排出柱后进入一个储仓，而后送往洗脱再生柱。

思考题

6-1　萃取过程中分配比、萃取率、分离系数及萃取级数的含义是什么？

6-2　萃取设备的大致可以分为哪几类？

6-3　萃取设备按照接触方式不同可以分为哪几类？

6-4　试用简练的语言说明混合-澄清槽的结构特点及工作原理。

6-5　常见离子交换剂的种类有哪些？

6-6　离子交换树脂的基本结构是什么？

6-7　常用的离子交换设备有哪几种？

7 水溶液电解设备

有色火法冶金过程获得的金属，其杂质含量可能达不到我们对该金属的使用要求，往往会通过电解精炼来进一步除杂，获得纯度更高的金属；有色湿法冶金中，欲提取金属若以离子形态存在于水溶液，也要采用电解沉积的方法从溶液中获得，因此电解和电积在冶金生产中通常处于工艺的最后一个单元过程。用作电解精炼或电积沉积的主体设备称为电解槽，电解槽配套的供电系统、电解液循环系统称为附属设备，其中供电系统包括变压器、整流器、输电线路等；电解液循环系统则包括加热器或冷却器、储槽、泵及管道等。此外，还有极板整形机组、极板准备机组、剥片机等其他重要的电解辅助设备。

电解槽中，阳极板、阴极板和电解液组成一个电解系统，在直流电的作用下发生电化学反应最终在阴极上获得纯金属，水溶液电解精炼设备和电沉积设备的主要区别在于所用阳极材料的不同。电解精炼使用的阳极为可溶阳极，比如粗铜板、粗铅板、粗银板。随着过程的进行，阳极不断消耗，需要返回重新浇注。电解沉积过程的阳极为不溶阳极，比如生产锌使用的 Pb-Ag 合金板，湿法炼铜使用的 Pb-Sb 合金板。随着过程的进行，电解液中离子浓度会发生变化，需要不断往槽内补充合格电解液（或进行电解液净化）。

7.1 电解设备概述

7.1.1 电解槽基本结构

水溶液电解槽为长方形、无盖槽体，通常用钢筋混凝土捣制，有整列就地捣制、单槽整体预制等方式。整列就地捣制施工快、造价低，但是检修更换不便，绝缘处理难，易漏电；而单槽整体预制，搬运、安装、检修、更换方便，绝缘好，漏电少，为多数工厂所采用。近十年来，新型聚乙烯（PE）整体槽得到广泛应用，主要原因是造价低、质量轻、耐腐蚀、绝缘性好，也耐 60℃ 以下的温度，施工和安装都很方便。电解槽安装在钢筋混凝土横梁上，为防止电解液滴在横梁上造成腐蚀漏电，在横梁上首先铺设厚 3~4mm、比横梁每边宽出 200~300mm 的软聚氯乙烯保护板，然后在槽底四角垫以瓷砖及橡胶板用以绝缘。电解槽体底部设有几个检漏孔，以检查槽内衬是否损坏。根据处理的工艺和操作条件不同，钢筋混凝土槽内壁衬以环氧树脂或聚氯乙烯或铅皮或沥青等，这种电解槽具有不变形、不会浸湿、不漏电等优点，但易被电解液腐蚀。例如，铜的电解精炼要求电解液温度在 60℃ 左右，电解槽防腐材料则须选用耐较高温度的软 PVC 作衬里，而铅电解精炼电解液温度只需 45℃ 左右，所以用廉价的沥青——瓦斯灰作衬里即可。还有一些工厂使用了全玻璃钢电解槽及钢骨架聚氯乙烯板结构的电解槽，维修极为方便。

电解槽侧壁的槽沿铺设瓷砖或塑料板；槽长壁上设有母线，其上交互平行地垂吊着悬挂在导电杆上的阴极和阳极。根据电解液循环方式的不同，槽内有不同形态的进液管，出液端设有隔板用来调节液面，槽体外设有出液口。电解槽底部设有一个或两个放液漏斗，供放出阳极泥或电解液用（如铜电解过程中由于有阳极泥的产生，其槽底通常做成由一端向另一端或两端向中央倾斜的斜坡，倾斜度约 3%，最低处开设排泥孔，较高处有清槽用的放液孔），漏斗塞采用耐酸陶瓷或硬铅制成，中间嵌有橡胶圈密封，防止漏液。

通常电解槽由多个排成一列，两个相邻电解槽要留 20～40mm 的绝缘空隙，以防止槽与槽之间短路漏电。一般而言，电解槽的宽度由使用的阴极板尺寸决定，长度由每槽阴、阳极板块数和极间距决定。

常见的几种水溶液电解槽结构，如图 7-1～图 7-4 所示。

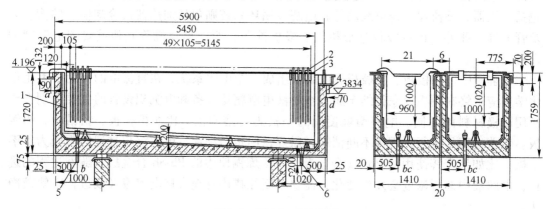

图 7-1　铜电解槽结构图

1—进液管；2—阳极；3—阴极；4—出液管；5—放液管；6—阳极泥管

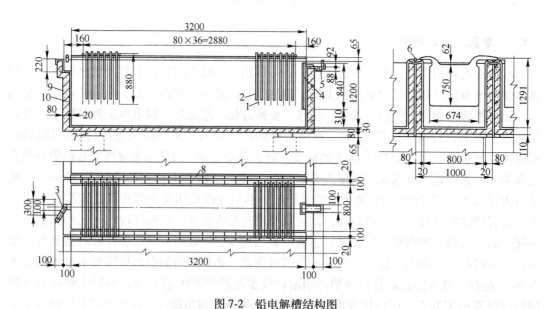

图 7-2　铅电解槽结构图

1—阴极；2—阳极；3—进液管；4—溢流槽；5—回液管；6—槽间导电棒；

7—绝缘瓷砖；8—槽间瓷砖；9—槽体；10—沥青胶泥衬里

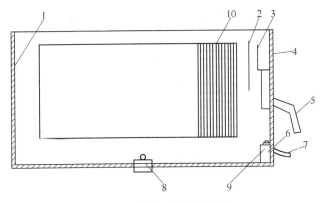

图 7-3 锌电解槽结构图

1—槽体（塑料板外衬钢框架）；2—溢流袋；3—溢流堰；4—溢流盒；5—溢流管；
6—上清盒；7—上清溢流管；8—底塞；9—上清铅塞；10—导向架

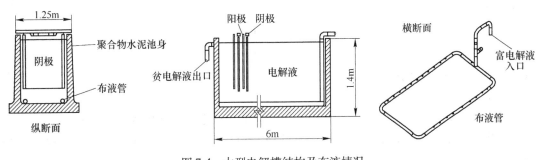

图 7-4 大型电解槽结构及布液情况

7.1.2 电解附属设备

7.1.2.1 供电系统

A 整流器

生活和生产用的交流电需要通过整流器把它转变为直流电，才能用于水溶液电解槽。整流器一般有固定的型号，电解厂需要根据自己生产的实际电压、电流情况进行型号和台数的选择。水溶液电解槽的个数、阴阳极板块数可以根据金属产量计算得到，一般电解槽内极板连接方式为并联，电解槽和电解槽之间为串联，施加于一个系列电解槽的电压，等于这个系列中总电解槽槽压与导线、接触点、配线盘等电压损失之和。例如：某铜电解槽系列有商品槽 120 个，每个槽电压 0.3V，种板槽 11 个，每个槽电压 0.35V，脱铜槽 1 个，每个槽电压 2V，导线、母线、配电盘等的电压损失系数为 1.15，则总电压为：$E = (120 \times 0.3 + 11 \times 0.35 + 1 \times 2) \times 1.15 = 48.13V$。根据选定的理论电流强度和计算的槽电压，在考虑富余系数后可以选定整流设备。

水溶液电解时所采用的系列电压可达到几百伏，电流可达到几百千安。常见的几种有色金属所采用的最高系列电压和最大系列电流值见表 7-1，一般认为超过下列电压时，对生产安全有影响。

表 7-1　几种常见有色金属电解系列电压与系列电流值

电解产品	系列电压/V	系列电流/A
铜	230 以下	10000 ~ 15000
铅	230 以下	10000 ~ 15000
锌	350 ~ 825	5000 ~ 18000
镍	220 以下	8000 以下

　　大、中型电解铜工厂商品槽和种板槽的直流供电系统应分开，小型工厂可共用直流供电装置。

　　B　输电线路

　　输电线路包括槽边导电排、槽间导电板、阴极导电棒和出装槽短路器等。

　　a　槽边导电排

　　槽边导电排与整流器供电导线相连，通过电流为电解槽的总电流。导电排截面积可以按照下式计算：

$$F_a = \frac{A}{D_1} \tag{7-1}$$

式中　F_a——导体截面积，mm^2；

　　　A——中电流，A；

　　　D_1——允许的电流密度，A/mm^2，导电排的允许电流密度可取 $1 \sim 1.1 A/mm^2$。

　　导电排的温度不应高于周围空气温度的 20~40℃，当计算出导体截面后，还要进行升温验算：

$$\Delta t = \frac{KI^2 \rho}{Sn} \tag{7-2}$$

式中　Δt——导体与周围空气的温度差，℃；

　　　K——散热系数，露天取 25，室内取 85，无量纲；

　　　I——电流强度，A；

　　　ρ——导体电阻率，$\Omega \cdot m$，铜为 $1.75 \times 10^{-8} \Omega \cdot m$，$1.65 \times 10^{-8} \Omega \cdot m$；

　　　S——导体横截面积，mm^2；

　　　n——导体断面周长，mm。

　　b　槽间导电板

　　槽间导电板由紫铜制作，其断面一般是圆形、半圆形、三角形等，使用时要保持接触点清洁，槽间导电板的截面积可按下式计算：

$$F_b = \frac{A}{nD_2} \tag{7-3}$$

式中　F_b——槽间导电板横截面积，mm^2；

　　　A——总电流，A；

　　　n——每槽阴极板块数；

　　　D_2——槽间导电体允许的电流密度，A/mm^2，槽间导电板允许电流密度可取 $0.3 \sim 0.9 A/mm^2$。

槽间导电板的截面积的确定，还与电解槽的操作方式有关。若出装槽作业采用人工横棒短路断电操作，则槽间导电板截面积还需要满足通过短路电流的要求并进行验算。因横棒短路断电的时间不长，允许电流密度以不超过 $7.5A/mm^2$ 为宜。

    c   阴极导电棒

阴极导电棒一般以紫铜制作，其断面有圆形、方形、中空方形及钢芯铜皮方形等，视阴极的大小和重量决定。考虑到强度及加工的方便，中、小极板一般选用中空方形导电棒；大极板则选用钢芯包铜方形导电棒。其截面积可按式（7-3）计算。阴极导电棒允许电流密度可取 $1\sim1.25A/mm^2$。

    d   出装槽短路器

电解槽出装槽时，需要短路断电。断电方式目前有两种：一为横铜棒断电，人工操作；二为采用遥控短路开闭器，即可在仪表室操纵，也可在现场动手操作。国内一般小厂的操作电流强度小，可用单槽人工横棒短路断电；而大、中型工厂，即采用大极板、大电解槽的工厂，操作电流强度大，应采用遥控短路开闭器断电，以减轻劳动强度和保护槽面的绝缘垫板。

    e   电解槽的电路连接

电解槽的电路连接大多采用复联法：每个电解槽内的全部阳极并联，全部阴极也并联；而各电解槽之间的电路串联。电解槽的电流强度等于通过槽内各同名电极电流的总和，而槽电压等于槽内任何一对电极之间的电压降。图7-5为复联法的电解槽连接以及槽内电极排列示意图。

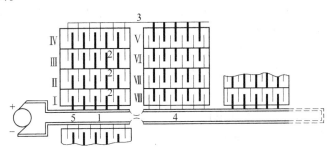

图 7-5　复联法连接示意图
1—阳极导电排；2~4—中间导电板；5—阴极导电排

电流从阳极导电排1通向电解槽Ⅰ的全部阳极，该电解槽的阴极与中间导电板2连接，中间导电板在相邻的两个电解槽Ⅰ和Ⅱ的侧壁上。同时，中间导电板2又与电解槽Ⅱ的阳极相连，所以导电板2对电解槽Ⅰ而言为阴极，对电解槽Ⅱ而言则为阳极。或者说，同一条槽间导电板，既是一个电解槽的正极配电板，又是相邻电解槽的负极汇流板。电解槽Ⅳ的阴极接向导电板3，它对第一槽组而言是阴极，但是对于第二槽组而言则为阳极。同样，导电板4对于第二槽组而言为阴极，到以后的第三槽组上就成为阳极的导电板。因此，电流从电解槽Ⅰ通向电解槽Ⅷ，并经过一系列槽组，最后经阴极导电排5回到电源。

7.1.2.2　电解液循环系统

电解（电积）过程中，由于阴极板表面不断有金属析出，导致浓差极化现象的产生，为了使电解成分保持均匀，同时维持槽内温度的稳定，需要进行电解液的循环。比如铜的电解生产，电解液的循环系统主要由电解槽、循环储槽、高位槽、电解液循环泵和加热器等组成，而在锌电积的生产中，还有空气冷却塔。

　　A　储液槽

储液槽一般为钢筋混凝土制作，内衬铅板或软聚氯乙烯板。相邻槽共用槽壁，槽壁设有连通管，以便轮换检修；槽面用包软聚氯乙烯塑料的木板覆盖，以防酸雾逸散。实践中，循环液储槽的容积为电解槽内电解液总量的 20% 左右。

　　B　高位槽

高位槽一般采用钢筋混凝土内衬铅板制成，其容积按 5~10min 内的溶液循环量计算。

　　C　电解液换热器

多数厂采用钛列管换热器或钛板换热器，部分厂仍用浮头列管式不透性石墨换热器。钛板换热器阻力大，应位于电解液循环泵与高位槽之间，石墨管耐震性差易损坏，不宜直接与电解液循环泵相连，而应设置于高位槽之后，使电解液利用位差流入石墨热交换器内。

7.2　电解极板及其他辅助设备

7.2.1　锌电解沉积极板及辅助设备

当直流电通过电极时，会产生极化现象使得电极电位偏离平衡电极电位，它将使阴极电位比平衡电位更负，阳极电位比平衡电位更正，把电极电位与其平衡电位之差的绝对值称为超电位（或过电位）。超电位与许多因素有关，主要有阴极材料、电流密度、电解液温度、溶液的成分等，它服从于塔费尔方程式：

$$\eta = \Delta + b\ln D_{\Delta} \tag{7-4}$$

式中　η——电流密度为 D_{Δ} 时的超电位，V；

　　　D_{Δ}——阴极电流密度，A/m^2；

　　　Δ——常数，即阴极上通过 $1A/m^2$ 时的超电位，随阴极材料、表面状态、溶液组成和温度而变；

　　　b——$2 \times 2.3RT/F$，即随电解温度而变的数据。

实践证明，就大多数金属的纯净表面而言，式中经验常数 b 具有几乎相同的数值（100~140mV），这说明表面电场对氢析出反应的活化效应大致相同。有时也有较高的 b 值（大 140mV），原因之一可能是电极表面状态发生了变化，如氧化现象的出现。式中常数 Δ 对不同材料的电极，其值是很不相同的，表示不同电极表面对析出过程有着很不相同的催化能力。按 Δ 值的大小，可将常用的电极材料大致分为三类：

（1）高超电位金属，其 Δ 值为 1.0~1.5V，主要有 Pb、Cd、Hg、Tl、Zn、Ga、Bi、Sn、Al 等。

（2）中超电位金属，其 Δ 值为 0.5~0.7V，主要有 Fe、Co、Ni、Cu、W、Au 等。

（3）低超电位金属，其 Δ 值为 0.1~0.3V，其中最主要的是 Pt 和 Pd 等铂族元素。

在湿法炼锌生产中，金属锌的提取是从具有一定离子浓度的硫酸锌溶液中通过电解沉积的方法，使锌离子在阴极表面沉积而得到。

阳极反应主要是：

$$2H_2O-4e \Longrightarrow O_2+4H^+ \qquad \varphi^\ominus = 1.229V$$

阴极反应主要是：

$$Zn^{2+}+2e \Longrightarrow Zn \qquad \varphi^\ominus_{Zn^{2+}/Zn} = -0.763V$$

$$2H^++2e \Longrightarrow H_2 \qquad \varphi^\ominus_{H^+/H_2} = 0V$$

阳极发生氧气的析出，由于析氧电位很高，为了使析氧反应进行，避免阳极电极材料的溶解，锌电积过程应选用一些低超电压的贵金属或处于钝化状态下的金属作阳极材料。在阴极上，$\varphi^\ominus_{Zn^{2+}/Zn}$ 比 $\varphi^\ominus_{H^+/H_2}$ 负，要选用一些高超电压金属作为阴极材料，增大氢气析出的超电位 η，使其实际析出电极电位负于锌的实际析出电极电位，让锌的析出成为可能。生产实践中，氢的析出对锌电解效率的影响最大，因此，生产中总是力求增大氢的超电压，除了选择适当的阴极材料以外，还有一些措施应用于生产操作中。

7.2.1.1 锌电积极板

A 阳极极板

锌电积的阳极由阳极板、导电棒、导电头组成。阳极板有 Pb-Ag 合金、Pb-Ag-Ca 三元合金或者 Pb-Ag-Ca-Sr 四元合金阳极等，其中 Ag 含量 0.5%~1%，有铸造阳极和压延阳极两种，压延阳极比铸造阳极强度大、寿命长。

导电棒的材质为紫铜。为使阳极板与导电棒接触良好，将铜棒酸洗包锡后铸入铅银合金中，再与极板焊接在一起，这样可以避免硫酸侵蚀铜棒形成硫酸铜进入电解槽而污染电解液。导电板端头紫铜露出的部分称为导电头，与阴极或导电板搭接。阳极板的两个侧边装有聚乙烯绝缘条或嵌在导向装置的绝缘条内，可以加强极板强度，防止极板弯曲发生接触短路。阳极板上设有小孔，是为了减轻极板质量，同时利于电解液的流动。阳极尺寸由阴极决定。阳极板结构如图 7-6 所示。

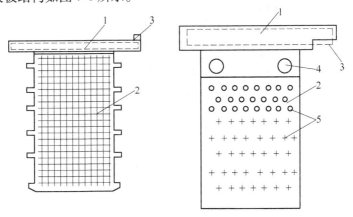

图 7-6 阳极板结构示意图

1—导电棒；2—极板；3—导电头；4—吊装孔；5—小孔

B 阴极板

锌电积的阴极由极板、导电棒、导电铜头（或导电片）和阴极吊环组成。阴极板材料为纯铝（Al > 99.5%），压延制成，表面光滑平直。阴极导电棒用硬铝加工制成，与极板焊接或浇铸成一体，导电头材质一般为紫铜，厚 5~6mm，用螺钉或焊接包覆连接的方法与导电棒结合为一体，阴阳两极连接的方式不同，导电头的形状也不同。为防止阴、阳极短路及析出锌包住阴极周边从而造成剥锌困难，通常阴极的两边边缘压有聚乙烯塑料条。现在有的工厂为了配合机械化剥锌的要求，会在电解槽两侧固定有聚氯乙烯绝缘导向装置，而阴极两边缘不再需要包塑料条，阴极结构示意图如图 7-7 所示。也可将一个聚氯乙烯的支架固定在电解槽内，使其刚好能夹住阴极边缘，起到同样的绝缘作用，如图 7-8 所示。后者对机械化剥锌有利。

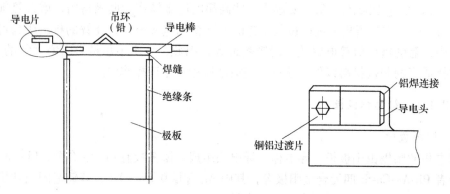

图 7-7　阴极板结构示意图

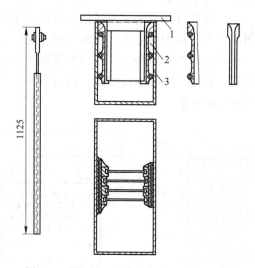

图 7-8　阴极插入绝缘支架槽内的示意图
1—阴极板；2—聚氯乙烯绝缘支架；3—电解槽内衬

7.2.1.2　锌电积极板尺寸

锌电积阴极板尺寸一般为：长 1020~1520mm、宽 600~900mm、厚 4~6mm，质量 10~12kg/块。通常比阳极宽 10~40mm，这是为了减少阴极边缘形成树状结晶。阳极板尺寸由阴极尺寸而定，一般为长 900~1000mm、宽 620~720mm、厚 5~6mm，质量 50~70kg/块。

阳极平均使用寿命 38 个月。锌电积极板尺寸实例见表 7-2。

表 7-2　锌电积极板尺寸实例　　　　　　　　　　（mm）

尺寸	极板	1 厂	2 厂	3 厂	4 厂
长	阴极	1000	1120	1060	1122
	阳极	975	1164	1050	965
宽	阴极	700	800	710	600
	阳极	680	790	610	500

现在随着锌电解技术的不断发展，一些工厂已经使用大阴极电解工艺，其阴极极板尺寸可以达到 1745mm×1000mm×7mm，阳极尺寸可以达到 1705mm×943mm×12mm。

7.2.1.3　锌电解槽电路组合配置

锌电解槽的电路连接仍然是复联法，车间中一般按照双列配制进行电解槽供电，可为 2~8 列，最简单的是两列组成一个供电系统，如图 7-9 所示。列与列之间设有导电板，将前一列的最末槽与后一列的首槽相连。因此，在一个供电系统中，列与列和槽与槽之间是串联连接，每个槽内的阴、阳极是并联连接，一般连接列与列和槽与槽的导电板为铜板，电解车间与供电所之间的导电板用铝板或铜板。

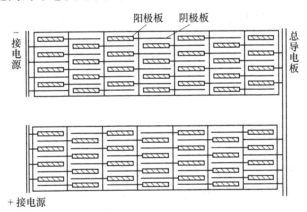

图 7-9　双列配置电解槽供电

7.2.1.4　锌片剥离设备

沉积在铝板上的阴极锌，需要剥离下来进行熔铸，过去采用人工剥离，劳动强度很大。剥锌机的出现为减轻劳动强度、提高生产效率创造了良好条件。随着锌电积采用大阴极（2.6m²/片）或超大阴极（3.2m²/片），必须有相适应的吊车运输系统及机械剥锌智能系统。

剥锌智能系统主要包括链传送系统、剥离系统、接收码垛系统、称重喷码系统、铲装系统五部分，如图 7-10 所示。在处理从电解槽取出的阴极之前，由于极板上带有酸液，需要进行清洗。链传送系统包括阴极板传送系统和锌垛堆运输系统，主要将阴极板运送至剥离系统，以及将已剥离堆垛的锌片运送至称重和铲装系统。剥离系统主要将锌片从阴极板上进行剥离。接收码垛系统的作用是将已剥离的锌片接收至垛台并码放整齐。称重及喷码系统是在锌垛运送至铲装工位前进行称重，并由喷码器喷涂相关信息。锌片剥离机组最重要的设备是剥锌机，至目前，已有4种不同类型的剥锌机用于生产，其简单工作原理如下：

（1）马格拉港铰接刀片式剥锌机。将阴极侧边小塑料条拉开，横刀起皮，竖刀剥锌。

（2）比利时巴伦两刀式剥锌机。剥锌刀将阴极片铲开，随后刀片夹紧，将阴极向上抽出。

（3）日本三井式剥锌机。先用锤敲松阴极锌片，随后用可移式剥锌刀垂直下刀将铝板两侧的锌同时剥离。

（4）日本东邦式剥锌机。使用这种装置时，阴极的侧边塑料条固定在电解槽里，阴极抽出后，剥锌刀即可插入阴极侧面露出的棱边，随着两刀水平下移，完成剥锌过程。

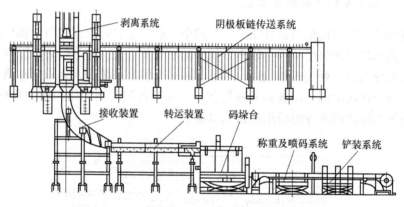

图7-10　锌片剥离机组运行示意图

7.2.2　铜电解极板及辅助设备

目前铜的电解精炼使用到的方法有：常规电解精炼法、永久性阴极电解精炼法。

（1）常规电解精炼法是目前应用最广的一种方法。常规铜电解法主要由始极片的生产和制作、阳极整形和加工、电解、电解液循环几部分工作组成。进入电解槽的阴极是在种板槽里生产得到，而进入电解槽和种板槽的阳极由上段工序火法精炼浇铸，并在进入电解槽之前通过阳极整形和加工后得到的。在铜电解槽中，阴、阳两极交叉平行排列，电解液为硫酸铜溶液，在直流电作用下，阳极铜溶解，阴极不断有铜析出。待沉积到一定质量时，将阴极取出，作为电解铜成品（即阴极铜），而在电解槽的空位上，重新装入新阴极板，继续进行生产；当阳极板溶解到一定程度时，成为残阳极，将其取出，并在其位置上装入新阳极，继续进行生产。通常一块阳极生产2~3块电解铜，即阳极板的使用周期为阴极板的2~3倍。

（2）永久性阴极电解精炼法。永久性阴极（不锈钢阴极）电解法常见的有 ISA 法、KIDD 法和 OT 法三种。

它的作业过程与常规电解精炼法基本相同，不同的只是省去了始极片制作过程，但是需要增加阴极铜的剥离机组。

永久性阴极板铜电解精炼法的操作包括阳极加工、装槽（向电解槽内装入阳极板和永久性阴极板）、灌液、通电电解、出槽（取出阴、阳极）、清洗阴极并剥下成品电解铜并对其进行处理等。由于永久性阴极板可反复使用，所以其操作前的准备工序可以得到大大简化。

7.2.2.1 铜电解极板

A 阳极板

铜阳极板是由上道工序得到的火法精炼铜浇铸而成的，铜含量在99%以上。铜阳极板如图7-11所示，阳极的两个耳朵一长一短，也有的是两耳一样长。种板槽使用的阳极比普通电解槽的阳极稍长、稍宽，是为了解决始极片边缘偏薄的问题，也有利于提高始极片的垂直精度，减少短路现象。对于铜阳极的物理形态，基本要求是：耳部饱满，以防电解过程中耳部折断，厚薄均匀，无飞边毛刺，无夹渣，尽量减少表面鼓包和背部隆起现象，质量均匀，垂直度高。阳极在装槽前必须经酸洗，除

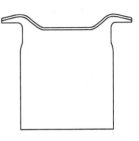

图7-11 铜电解阳极板

去表面的 Cu_2O 及脱模剂，酸洗后附在阳极表面的铜粉，也必须用水冲去，经排板整理后方可入槽。

B 阴极板

a 种板

在常规铜电解生产中，用于生产始极片的阴极板称为种板或母板。种板材料由原来的紫铜向不锈钢、钛逐渐发展。紫铜种板厚 3～4mm，上部铆接两个铜耳制成；不锈钢种板厚 2～3mm，铆接铜耳；钛种板厚 2.5～3.5mm，钛种板及挂耳示意图如图7-12所示。钛板和铜板通过爆炸焊接形成钛铜复合板，铜材在里，钛材在外，用复合板做成的挂耳，外层的钛与钛种板采用钛丝氩弧焊接，复合板挂耳的内层铜板与阴极导电棒接触。

为便于始极片的剥离，种板三边涂有宽 10～20mm 的绝缘边。国内常用的沾边方法有两种：

（1）环氧树脂贴涤纶布法。用此法沾边得到的绝缘边整齐美观，使用寿命可达两个月以上。

（2）沥青塑料沾边法。此法使用寿命较短，约为 30～35d，但施工方便，沾边后静置干燥后即可使用。

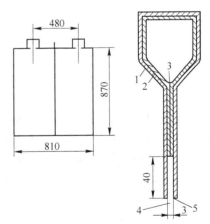

图7-12 钛种板及钛种板挂耳示意图
1—钛；2—铜；3—铜焊；4—钛种板；5—钛焊

b 阴极

铜电解阴极（见图7-13），由铜板、吊耳、导电棒组成，通常称为始极片。始极片用纯铜薄片制成，由种板槽生产。从种板上剥离下来的始极片是不平的，下到电解槽内容易引起短路，因此需要对始极片应进行加工平直。加工方法是在始极片上加纵向或横向筋，加筋由压纹机来完成。平直后的始极片钉上吊耳，穿好铜棒，整理装入电解槽。因此，阴

极制作过程需要经过剪切、压纹、钉耳、穿铜棒等工序。

对始极片进行变形处理的方法有辊压处理和平压处理两种：

（1）辊压处理。采用以辊式矫直机和辊式轧纹机为主体的多辊式装置。通过矫直使板面平整；再通过轧纹，使种板刚性增加。

（2）平压处理。采用压力机将种板板面直接压出各种纹络，这些纹络可同时起到平整板面和增强双向刚性的作用。如图 7-14 所示为种板板纹的几种形式，其中辊压直纹最为常用。

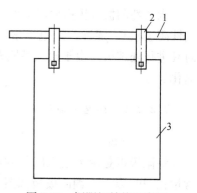

图 7-13　铜阴极结构示意图
1—阴极导电棒；2—吊耳；3—铜片

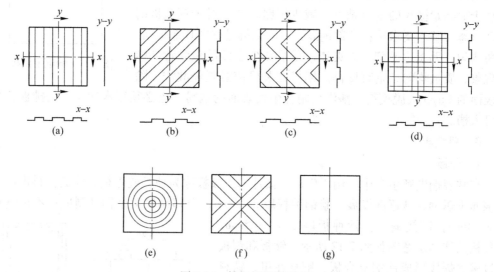

图 7-14　始极板板纹形式
(a) 直纹；(b) 斜纹；(c) 波浪纹；(d) 方块纹；(e) 圆环纹；(f) 人字纹；(g) 平板

阴极导电棒一般用纯铜制作，截面为方形或中空方形，为改善接触面的导电性，极板各接触表面应进行如下处理：极板出槽后，用钢刷对导电板进行人工洗刷；在吊耳切制机组中，对其与导电棒接触的表面进行刷光；在电解铜出槽的洗涤机组中，用高压水对导电棒的导电接触面进行强烈冲洗；用导电棒抛光机进行抛光处理，除去表面的氧化膜，减小接触电阻。

c　不锈钢阴极

铜的永久阴极电解法使用永久性的不锈钢阴极替代始极片阴极，电解铜从永久阴极上剥取。永久性不锈钢阴极（见图 7-15）的极板用 316-L 不锈钢板制作，厚度 3.25mm，其表面粗糙度为 2B。用 304 不锈钢异型钢管焊接在钢板上，然后镀上 2.5mm 厚的铜，替代传统电解法的阴极导电棒，起到吊挂阴极并导电的作用。不锈钢表面有一层永久性的很薄的氧化层，可以很好地解决沉积铜的黏附性和剥离性之间的矛盾，既能使沉积的电铜不会从阴极上掉落于电解槽内，又可以容易地从阴极上剥离下来。不锈钢板的两个侧边用聚氯乙烯的挤压件包边，并用高熔点的蜡密封其间的缝隙。不锈钢板的底边则用高熔点的蜡蘸边，剥离过程洗涤下的蜡可以回收重复使用。

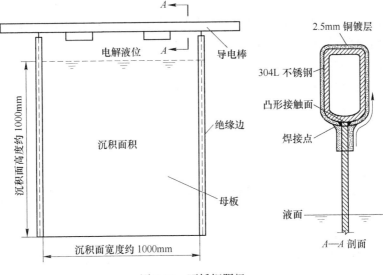

图 7-15　不锈钢阴极

从永久性阴极上剥取电解铜的剥离机，是从剥锌设备移植改造过来的，如日本三井金属矿业公司开发了专门用于 ISA 电解法的阴极剥离机组。其功能包括受板、洗涤（含除蜡）、剥片、电解铜堆垛、称重、打字、捆包、阴极侧边喷蜡，阴极底边蘸蜡，阴极排板等工序。

7.2.2.2　铜电解极板尺寸

铜电解阳极板尺寸范围为：长 800~1200mm，宽 650~1000mm，厚 35~54mm，重 150~400kg，种板槽阳极尺寸比生产槽用阳极板稍大；为避免阴极边缘生成树状结晶，阴极板尺寸比阳极板宽 35~55mm，长 25~45mm，厚 0.5~1.0mm。铜电解极板尺寸实例见表 7-3。

表 7-3　铜电解极板尺寸实例

名　　称		工厂 1	工厂 2	工厂 3	工厂 5（永久阴极）
阳极	长度/mm	740	850	1000	1040
	宽度/mm	700	810	960	1025
	厚度/mm	35~40	33~38	45	36
	质量/kg	155~165	210~260	370	340
阴极	长度/mm	770	870	1020	
	宽度/mm	740	830	1000	
	厚度/mm	0.4~0.6	0.4	0.6	
	质量/kg	2~3	2.6	6.01	
种板	长度/mm	835	880	1060	—
	宽度/mm	760	930	1040	—
	厚度/mm	3.5~4	2.5~3	4	—

7.2.2.3　铜电解极板作业机组

完整的铜电解极板作业机组主要包括阳极板准备机组、阴极板制备机组、电铜洗涤堆垛机组、残极洗涤堆垛机组、导电棒储运机组等。

A　阳极板准备机组

阳极板准备机组主要任务是矫正阳极板板面和挂耳的弯曲，修平挂耳底边。常见的有阳极板排列机组，阳极板矫耳–排列机组，阳极板平整–矫耳–排列机组以及阳极板的平整–矫耳–铣耳–排列机组等。

B　阴极板制备机组

阴极板制备机组主要任务包括始极片的供给、平整矫直和压纹、吊耳的供给、导电棒的供给、导电棒穿入吊耳、吊耳与始极片的铆接装配以及排列、用圆盘钢刷清刷接触点、压筋。

C　电铜洗涤堆垛机组

电铜洗涤堆垛机组是进行电解铜出槽后的洗涤、导电棒抽出、电解铜堆垛以及称量等作业的设备。

D　残极洗涤堆垛机组

残极洗涤堆垛机组是进行吊起残阳极，并洗涤、逐块堆垛转向、自动称量以及输送等作业的设备。

E　导电棒储运机组

导电棒储运机组是完成导电棒抽取、转运、储存和给出等工作的设备。

F　吊耳切制机组

吊耳切制机组是完成原片的供给、刷片、分切、落箱等工序的设备。

 思 考 题

7-1　电解槽的基本结构是什么？

7-2　电解精炼与电沉积的主要区别是什么？

7-3　什么是超电位，影响超电位的因素有哪些？

7-4　试说明电解槽的电路联接方法，请绘制电路联接图。

7-5　锌电积中阴、阳极板的制作材料是什么？

7-6　要正常进行铜的电解精炼，需要的设备有哪些？请逐一罗列。

参 考 文 献

[1] 有色金属冶炼设备编委会. 有色金属冶炼设备（第 2 卷）湿法冶金设备 [M]. 北京：冶金工业出版社，1993.

[2] 朱云. 冶金设备 [M]. 北京：冶金工业出版社，2009.

[3] 唐谟堂. 湿法冶金设备 [M]. 长沙：中南大学出版社，2004.

[4] 杨启明，吕瑞典. 工业设备腐蚀与防护 [M]. 北京：石油工业出版社，2001.

[5] 黄永昌，张建旗. 现代材料腐蚀与防护 [M]. 上海：上海交通大学出版社，2012.

[6] 诸林，刘瑾，等. 化工原理 [M]. 北京：石油工业出版社，2007.

[7] 王晓红，田文德，王英龙. 化工原理 [M]. 北京：化学工业出版社，2009.

[8] 陈匡民. 过程装备腐蚀与防护 [M]. 北京：化学工业出版社，2001.

[9] 张志宇. 化工腐蚀与防护 [M]. 北京：化学工业出版社，2005.

[10] 廖传华. 输送过程与设备 [M]. 北京：中国石化出版社，2008.

[11] 王荣祥，郭亚兵，张永鹏，等. 流体输送设备 [M]. 北京：冶金工业出版社，2002.

[12]《湿法冶金新工艺详解与新技术开发及创新应用手册》编委会. 湿法冶金新工艺详解与新技术开发及创新应用手册 [M]. 北京：中国知识出版社，2005.

[13] 朱屯. 萃取与离子交换 [M]. 北京：冶金工业出版社，2005.

[14] 黄卉. 湿法冶金-净化技术 [M]. 北京：冶金工业出版社，2014.

[15] 陈利生. 湿法冶金-电解技术 [M]. 北京：冶金工业出版社，2014.

[16] 张启修，张贵清，唐瑞仁，等. 萃取冶金原理与实践 [M]. 长沙：中南大学出版社，2014.

[17] 戴猷元. 液液萃取化工基础 [M]. 北京：化学工业出版社，2015.

[18] 彭容秋. 锌冶金 [M]. 长沙：中南大学出版社，2005.

[19] 彭容秋. 铜冶金 [M]. 长沙：中南大学出版社，2005.

[20] 朱祖泽，贺家齐. 现代铜冶金学 [M]. 北京：科学出版社，2003.

[21] 重有色金属冶炼设计手册编委会. 重有色金属冶炼设计手册（铜镍卷）[M]. 北京：冶金工业出版社，2008.

[22] 重有色金属冶炼设计手册编委会. 重有色金属冶炼设计手册（铅锌铋卷）[M]. 北京：冶金工业出版社，1996.

[23] 陈德华，殷兆奎. 大极板智能剥锌机预剥离特性的实验研究 [J]. 机械制造，2017（55）：40~42.

[24] 柴诚敬. 化工流体流动与传热 [M]. 北京：化学工业出版社，2000.

[25] 王晓红. 化工原理 [M]. 北京：化学工业出版社，2011.

[26] 毕诗文. 拜耳法生产氧化铝 [M]. 北京：冶金工业出版社，2007.

冶金工业出版社部分图书推荐

书　名	作　者	定价（元）
稀土冶金学	廖春发	35.00
计算机在现代化工中的应用	李立清　等	29.00
化工原理简明教程	张廷安	68.00
传递现象相似原理及其应用	冯权莉　等	49.00
化工原理实验	辛志玲　等	33.00
化工原理课程设计上册	朱　晟　等	45.00
化工设计课程设计	郭文瑶　等	39.00
化工原理课程设计（下册）	朱　晟　等	45.00
水处理系统运行与控制综合训练指导	赵晓丹　等	35.00
化工安全与实践	李立清　等	36.00
现代表面镀覆科学与技术基础	孟　昭　等	60.00
耐火材料学（第2版）	李　楠　等	65.00
耐火材料与燃料燃烧（第2版）	陈　敏　等	49.00
生物技术制药实验指南	董　彬	28.00
涂装车间课程设计教程	曹献龙	49.00
湿法冶金——浸出技术（高职高专）	刘洪萍　等	18.00
冶金概论	宫　娜	59.00
烧结生产与操作	刘燕霞　等	48.00
钢铁厂实用安全技术	吕国成　等	43.00
金属材料生产技术	刘玉英　等	33.00
炉外精炼技术	张志超	56.00
炉外精炼技术（第2版）	张士宪　等	56.00
湿法冶金设备	黄　卉　等	31.00
炼钢设备维护（第2版）	时彦林	39.00
镍及镍铁冶炼	张凤霞　等	38.00
炼钢生产技术	韩立浩　等	42.00
炼钢生产技术	李秀娟	49.00
电弧炉炼钢技术	杨桂生　等	39.00
矿热炉控制与操作（第2版）	石　富　等	39.00
有色冶金技术专业技能考核标准与题库	贾菁华	20.00
富钛料制备及加工	李永佳　等	29.00
钛生产及成型工艺	黄　卉　等	38.00
制药工艺学	王　菲　等	39.00